纯电动汽车 IGBT 可靠性及健康管理研究

吴华伟　叶从进　张远进　著

中国水利水电出版社
www.waterpub.com.cn
·北京·

内 容 提 要

本书详细阐述了纯电动汽车 IGBT 的基本知识和研究现状。系统介绍了 IGBT 模块的主要失效模式以及状态监测参数；IGBT 模块的加速模型；基于 K-S 检验的寿命分布方法，基于 ALTA 软件的仿真分析方法；IGBT 模块散热分析；IGBT 模块的关于 PHM 技术的研究方案以及三种主流的故障预测技术；基于改进萤火虫算法优化 BP 神经网络 IGBT 剩余使用寿命预测模型等研究。

本书可供新能源汽车专业的师生参考，也可作为从事汽车设计、研究、制造、可靠性分析等科研与生产的人员的参考用书。

图书在版编目 （CIP） 数据

纯电动汽车 IGBT 可靠性及健康管理研究/吴华伟，
叶从进，张远进著. — 北京：中国水利水电出版社，
2018. 12 （2025.4重印）
　　ISBN 978-7-5170-7166-2

　　Ⅰ.①纯…　　Ⅱ.①吴…②叶…③张…　　Ⅲ.①绝缘
栅场效应晶体管—可靠性试验—研究　　Ⅳ.①TN386.2

中国版本图书馆 CIP 数据核字 （2018） 第 272976 号

书　　名	纯电动汽车 IGBT 可靠性及健康管理研究 CHUN DIANDOU QICHE IGBT KEKAOXING JI JIANKANG GUANLI YANJIU
作　　者	吴华伟　叶从进　张远进　著
出版发行	中国水利水电出版社 （北京市海淀区玉渊潭南路 1 号 D 座　100038） 网址：www. waterpub. com. cn E-mail：sales@ waterpub. com. cn 电话：（010） 68367658 （营销中心）
经　　售	北京科水图书销售中心 （零售） 电话：（010） 88383994、63202643、68545874 全国各地新华书店和相关出版物销售网点
排　　版	北京智博尚书文化传媒有限公司
印　　刷	三河市元兴印务有限公司
规　　格	170mm×240mm　16 开本　10.5 印张　198 千字
版　　次	2019 年 1 月第 1 版　2025 年 4 月第 3 次印刷
印　　数	0001—2000 册
定　　价	49.00 元

前　言

可靠性及健康管理技术是一门多知识交叉的综合学科。该学科相关研究起源于20世纪40年代,首先从电子和航空工业领域发展起来,后广泛应用于航天、化工、机械、汽车等其他领域。

在纯电动汽车领域,其电机控制器可靠性是用户最关心的性能之一。作为电机控制器核心部件IGBT模块,其故障属于损坏型故障模式且发生的概率相对较大。然而,国内外有关这方面的适用书籍和参考资料并不多,基于此,我们编写了本书。

第1章阐述了本书的研究背景及意义、国内外研究现状以及本书主要研究内容和章节安排。

第2章介绍了IGBT的基本工作原理与失效模式的研究。首先介绍了IGBT模块的基本结构与分类、工作原理以及运行特性,归纳并总结了IGBT模块两类典型的失效模式,在此基础上揭示了结温差对IGBT模块可靠性的影响。同时探讨比较了可用于IGBT模块状态监测的四种评估参数之间的优劣。

第3章介绍了IGBT模块寿命的可靠性分析方法的研究。首先对IGBT模块寿命做对数正态分布假设,在阿伦尼斯加速模型基础上,采用MLE估计了对数正态分布函数的对数均值与对数标准差。其次,使用K-S检验和ALTA对其加速寿命试验数据展开了分析研究。结果表明,IGBT模块的寿命服从对数正态分布,其加速模型符合Arrhenius加速模型。同时该方法能快速、准确地获得IGBT模块可靠性分析中常见的图形和参数值,为快速和高效地分析其可靠性提供了一种较实用的方法。

第4章简要介绍了功率模块IGBT散热分析研究。首先阐述了传热学和计算流体力学的基本理论知识,包括三种常见的热传递的方式以及流动状态的判断。之后研究了计算流体动力学软件(CFD)的控制方程式、常用的湍流模型并研究了两种冷却方式(风冷和液冷)以及判断散热器冷却效果好坏的标准(热阻和压降)。最后对功率模块IGBT进行简单的分析。

第5章介绍了IGBT模块的剩余使用寿命预测与健康管理的研究。首先介绍了IGBT模块的关于PHM技术的研究方案以及三种主流的故障预测技术,确定了适合IGBT模块的BP神经网络,接着对BP神经网络的原理及存在的问题进行了介绍。最后建立改进萤火虫算法优化BP神经网络IGBT剩余使用寿命预测的模型,并通过NASA的AMES实验室提供的IGBT模块加速寿命数据来实现对IGBT

模块剩余使用寿命的精确预测。

第 6 章对本书的研究工作进行了总结和概括，并对下一步工作进行了展望。

本书的出版得到"纯电动汽车动力系统设计与测试平台"中央引导地方科技发展专项资金、湖北省技术创新专项重大项目（2017AAA133）、湖北文理学院湖北省优势特色学科群和纯电动汽车动力系统设计与测试湖北省重点实验室开放基金的资助，在此表示衷心的感谢！

本书在撰写过程中参阅了很多相关资料，在此对原著作者表示由衷的感谢。

由于作者阅历及水平有限，不足之处在所难免，恳请同行和读者多多批评斧正。

作者

2018 年 8 月

目　　录

第 1 章

绪 论

1.1 研究背景及意义

随着我国经济的持续快速增长和人民日益增长的物质需求的不断提高，以内燃机为动力源的传统汽车的增长量不断攀升[1-2]。中国汽车产业在过去十几年里发展迅猛，并且连续 6 年成为全球最大的汽车制造商和汽车消费市场。从中国汽车工业协会数据统计分析得知，2017 年我国汽车产量达到 2 901.54 万辆，销售量为 2 887.89 万辆，分别比上年同期增长 3.19% 和 3.04%。从公安部交管局统计的数据中得知，中国汽车保有量达到新高（2.17 亿辆）。预测 2020 年，就可以突破 2.8 亿辆。由于传统汽车的设计思路是将内燃机作为动力源，因此对汽油、柴油的需求也急剧增加，导致石油消耗量不断攀升。中国石油和化学工业联合会（CPCIF）2016 年 4 月发布的最新分析报告，预计到 2020 年中国的表观原油需求将上升至 6.1 亿 t，这样一来对原油进口总量的依赖将增至 4 亿 t，对外依赖度逼近 60%。我国原油目前最大的问题是国内原油消耗量过大以及原油进口量占的比重过高，因此能源战略安全无法得到有效保障。

能源危机和环境污染已成为当今世界汽车行业发现面临的头号问题，而传统汽车的高油耗、高排放都是人们急需解决的问题。传统燃油车尾气排放包含一氧化碳、氮氧化合物和铅化合物等，这就导致了大气污染严重、全球气候变暖等问题日益突出，如果任由上述问题发展，地球上适合人类居住的范围将会越来越小[3]。世界各国也纷纷发布更为苛刻的汽车排放标准，汽车行业担负着节能减排的重任，这也导致了各大汽车厂商迫切进行产业技术升级，抢占未来新能源汽车市场。德国已经考虑到问题的严峻，从 2030 年后交通部门不再批准新的燃油汽车在公路上行驶，违规者将受到严厉处罚。为了更好地保护环境和保障能源安全，发展纯电动汽车是未来的必然趋势，也是汽车产业升级和技术创新的必由之路。

在低碳经济、环保与污染防治、国家能源安全战略等多个因素的促进下，大力发展新能源汽车是当今全球汽车产业新的发展趋势，也是我国节能减排、降低原油进口依赖的战略选择。新能源汽车是相对于传统燃料汽车而言的，其是指采用非常规的车用燃料作为动力源（或使用常规的车用燃料、采用新型车载动力装置），综合车辆的动力控制和驱动方面的先进技术，形成的技术原理先进、具有新技术、新结构的汽车。根据工业界相关统计数据，在近 5 年内我国新能源汽车出货量由 2012 年的 1.28 万辆增长为 2017 年的近 80 万辆，平均年增长率超过100%。根据国家战略规划，到 2020 年我国新能源汽车保有量将达到 500 万辆，到 2025 年新能源汽车占汽车行业产销总辆 20% 以上，市场规模将达到万亿辆级。

纯电动汽车由于克服了传统汽车油耗高以及环境污染大的特点，近几年的研究又改善了其续航能力差的特点，纯电动汽车已成为未来新能源汽车发展领域的主要热点之一。除此之外，纯电动汽车还可实现制动能量回收，这大大增加了能量的利用效能[4-6]。因此我国可利用纯电动汽车的显著优点，发展低碳经济、进行节能减排，增强新能源汽车行业国际竞争力[7-8]。动力电池、电动机和整车控制作为电动汽车的关键部件[9]，其性能的好坏对电动汽车有着直接的影响。因此有效地改进三个部件的结构设计、控制策略已成为各大科研院所的主要研究重点，并且电动机及其控制技术在电动汽车研发过程中占有相当大的成本[10]，也是各大科研院所的主要研究重点。

电机控制器主要由以下几部分组成。

（1）电子控制模块（electronic controller）：包括硬件电路和相应的控制软件。

硬件电路主要包括微处理器及其最小系统，对电机电流、电压、转速、温度等状态的监测电路，各种硬件保护电路，以及与整车控制器、电池管理系统等外部控制单元数据交互的通信电路。控制软件根据不同类型电机的特点实现相应的控制算法。

（2）驱动器（driver）：将微控制器对电机的控制信号转换为驱动功率变换器的驱动信号，并实现功率信号和控制信号的隔离。

（3）功率变换模块（power converter）：对电机电流进行控制。电动汽车经常使用的功率器件有大功率晶体管、门极可关断晶闸管、功率场效应管、绝缘栅双极晶体管以及智能功率模块等。

功率器件作为电机控制器的核心元件，其成本占整个控制器的绝大部分。随着微电子技术和电力电子技术的发展，高频化、全控型的功率集成半导体器件不断出现，如双极结型晶体管（BJT）、门极可关断晶闸管（GTO）、功率场效应晶体管（MOSFET）、绝缘栅双极型晶体管（IGBT）、MOS 控制晶闸管（MCT）、智能功率模块（intelligent power module，IPM）等。功率器件的选用一般考虑以下几个方面。

（1）额定值。功率器件额定值包括电压额定值与电流额定值。电压额定值是根据动力电池额定电压、充电时的最大电压以及再生制动回馈时的最大电压等因素确定。电流额定值是根据电动机额定功率的峰值电流估算流过每个功率器件的电流值确定。并且当功率器件并联时，各功率器件的导通状态与开关特性必须进行良好的匹配。

（2）功率损耗。功率损耗影响功率器件的工作效率，应选择导通压降小的功率器件，同时开关损耗应尽量小。

（3）基极、门极的可驱动性。应考虑选择基极、门极驱动简单、安全可靠的功率器件。电压驱动模式的功率器件因其简单且功耗低，通常被优先采用。

（4）成熟性与成本。功率器的成本占整个控制器成本的绝大部分，故选用的功率器件性价比应当高。

表1.1采用评分的方法对功率器件的主要参数进行了评价比较。每个参数的评价分值最高为5。

表1.1 各种功率器件比较

比较参数	GTO	BJT	MOSFET	IGBT	MCT
额定值	5	4	2	5	3
开关频率	1	2	5	4	4
功率损失	2	3	4	4	4
驱动性	2	3	5	5	5
动态特性	2	3	5	5	5
抗过载能力	3	3	5	5	5
成熟性	5	5	5	5	4
低廉性	4	4	4	4	2

从表1.1中可以看出MOSFET和IGBT评分较高。现阶段，在电动汽车中应用比较多的功率开关器件主要是IGBT和MOSFET。功率MOSFET是一种单极性功率开关器件，具有开关时间短、工作频率高、栅极驱动电路简单，易于实现控制、热稳定性能好、价格便宜等优点。它的主要缺点在于单个器件不能同时兼顾导通电流和额定电压都很大。

IGBT是由MOSFET和BJT复合而成的一种电力电子器件。它结合了MOSFET和BJT的优点，具有输入阻抗高、功耗小、热稳定性好、驱动简单、载流密度大、通态压降低等优势。随着科学技术的高速发展，IGBT模块已广泛应用于各类电能转换装置、新能源发电、开关电源、变频器、牵引传动以及电动交通工具等领域。

伴随着新能源汽车技术的高速发展，人们对电机控制器的性能及可靠性提出了更高的要求，对纯电动汽车电机的控制功能需求不断增加，导致电机控制器结构日趋复杂，在保障其运行的安全和可靠、降低维护成本、提高电机控制器可用性对故障诊断和维护方式提出了新的挑战。在纯电动汽车的运行过程中，电机控制器故障发生的过程会通过驱动电机系统参数反映出来。一旦驱动电机或控制器发生故障，由电机产生的瞬态扭矩将会影响汽车的动力性与稳定性，如果没有及时发现或修复将带来无法弥补的损失，因此预测电机或控制器的故障对于保障人身安全、减少损失极其重要。表 1.2 所示为国家标准中电机控制器故障分类，从表中我们可以得出电机控制器一些常见的故障。

表 1.2　国标中电机控制器故障分类

故障模式	故障性质	故障原因
损坏型故障模式	烧蚀	零件表面老化而发生的损坏。如果断路器
	击穿	绝缘体丧失绝缘，出现放电现象，造成损坏。如电机绕组、电容、功率器件等
	炼损	由于运行温度超过零件的允许温度，且持续一定时间。如定子绕组、功率器件等
退化型故障模式	老化	非金属零件随使用时间的增长或周围环境的影响，性能衰退的现象。如绝缘板等
	腐蚀	外壳、电连接器、电路板的氧化、锈蚀
失调型故障模式	间隙超美	触点间隙或配合间隙超出规定而影响功能的现象。如接触器等
	性能失调	关键输出量不稳定
性能衰退或功能失调型故障模式	性能衰退	在规定的行驶里程或使用寿命内，电机及控制器的性能低于技术规定的指标的现象。如最大输出转矩、功率出现明显下降或造成整车动力性能下降
	功能失效	由于某一局部故障导致电机或控制器某些功能完全丧失的现象
	公害限值超标	噪声超过规定限制
	异响	电机或控制器工作时发出非正常的声响
	过热	电机或控制器的全部或局部温度超过规定值

根据相关资料显示，损坏型故障模式发生的概率相对较大，故障的发生会给电动汽车带来很大的影响，甚至会使汽车无法修复，除此之外，电动汽车上的乘客人身安全也无法保证。而电机控制器核心部件 IGBT 模块故障属于损坏型故障模式，故本书针对此类故障进行展开研究。

作为电力电子系统里最重要的元器件，IGBT 是功率半导体器件的首选模块。IGBT 发明于 1982 年，虽然是很新型的功率半导体器件，但还是不断在发展和改进。从功耗的角度来看，在 IGBT 工作额定电流为 75 A，额定电压为 600 V 时，第一代 IGBT 的额定功率为 100 W，到现在已经小于 30 W。目前 IGBT 的最大集电极电流已经超过 3 500 A。从制作工艺的角度来看，现在的 IGBT 工艺已经小于 1 μm，同时在第四代的产品中采用了栅极沟槽化的技术，芯片的体积也比上一代缩小了80%。随着IGBT的性能和体积不断地改进和优化，也理所应当地抢占了大部分电力电子设备市场，甚至出现了供货严重不足的2005年。电力电子设备性能优越，功耗低，是推动新能源时代发展的利器。目前应用前景非常广阔，在轨道交通、家用电器、基础设施、新能源汽车等众多领域都是不可或缺的一部分。如列车的"心脏"，牵引变流器就采用了IGBT模块。以上都是民用领域，对于其他领域如航空航天设备中，IGBT也起着关键性的作用。可以说IGBT对于电力电子系统的地位不低于CPU（Central Processing Unit，中央处理器）对于计算机系统的地位。

另外，IGBT对于高压或者高温的情况下，内阻非常大，容易产生高导通损耗，同时对于高冲击力的承受能力也不是很强，所以IGBT模块在生产环境很苛刻的情况下或者长时间使用之后会逐渐老化，甚至失效，导致设备运行停止，甚至整个电力系统瘫痪，造成严重的经济损失，甚至威胁人类的生命安全。据英国风能机构的统计，2009年之前，全世界的风力发电机组的烧毁就发生了700多起，其中就有很多是由于IGBT的失效造成的。

在造成IGBT失效的原因中，工艺制作环节、安装与日常运行维护方面的因素都占据着一定的比重。若需提升系统或设备整体可靠程度，有必要对IGBT进行有效的状态监测，以保证生产操作流程正常运行。有效的状态监测如何进行、监测的性能参数选择哪些更佳以及IGBT模块参数与IGBT模块性能状态间的关系成为研究热点。通过研究IGBT模块参数与IGBT模块性能状态间的对应联系，可以极大地帮助改进系统设备的可靠性，实现IGBT模块故障早期预测，对于系统或设备的维修无须在发生严重故障之后，也无须提前制订维修计划，提前进行器件替换，而是实现视情维修（condition based maintenance，CBM）。

视情维修能够在电子系统发生故障前对性能已经退化或者将会发送故障的部件进行维修或者替换，在故障未发生之前便采取预防或保护措施，而这都必须建立在深入研究电子系统失效原理、对系统有效状态监测以及运用正确算法进行趋势分析的基础上。视情维修不仅能够提前规避重大灾难性生产事故的发生，而且能够带来维修费用下降的经济效益，自动化、高效率、所需后勤规模小，在高可靠性需求的军事领域方面尤其重要。

传统的"计划修"（time based maintenance，TBM）很难达到对电动汽车的合理修复，难以满足现代化电动汽车发展的需求。视情维修从字面意思就能知道，这种维修方式是具体分析当前的故障情况，通过分析给出一套最完美的维修计划[11-13]。正是在这种背景下，随着传感器与计算机技术的迅猛发展，通过利用其采集设备或系统各种类型的数据以及特性，对设备或系统的故障和运行状况进行监测及预测，从而产生故障预测与健康管理（prognostic and health management，PHM）[14]。它可以及时且有效地在设备或系统发生故障之前采取措施并加以维护。PHM 的主要目的：故障检测与预警、故障预测、器件寿命追踪以及健康管理[15]。实现 CBM 需要非常合理有效的维修策略，而 PHM 正好符合这个要求。故障预测和健康管理都是 PHM 的核心内容，本书的研究内容主要围绕此展开。实现对电机控制器核心部件 IGBT 模块的故障预测，可以有效地指导维修，改进目前的维修模式。"计划修"→"状态修"代表着目前电机控制维修模式的转变。维修策略的合理性有待进一步研究，新型维修策略的关键点在于故障预测。由它可以预测电机控制器核心部件 IGBT 模块发生的故障时间，由发生的故障时间推测电机控制器核心部件 IGBT 模块的剩余使用时间、健康状况，由此可制定正确的维修时间和维修方法，避免不恰当的维修破坏电机控制器正常的性能，这样可以很大程度地降低维修成本，避免潜在隐患的发生。IGBT 模块完整的生命周期流程是设计、制造、备用、使用、维修，由于一个周期走完所需时间长，因此运行、检修等数据的数据量会比较大，一般情况下，退化状态的信息数据也会隐含其中。维修模式转变要点是基于 IGBT 模块的功能失效机理，通过采集完整的实验数据合理预测及分析 IGBT 模块的故障及健康状况，国内外在该领域研究目前处于起步阶段。

1.2 国内外研究现状

早在 1927 年，国外学者 Yule 就涉足预测技术领域中[16]。20 世纪 80 年代，新的预测理论层出不穷，使得很多故障预测领域可以选择的这些新的预测理论进行应用。故障技术的持续深入研究使得故障预测已成为一门多学科领域。1979 年 Saeks 等[17]根据系统发生故障前的一些迹象，希望可以研究预测故障征兆的分离技术，但是受制于当时科技水平的落后，一直没有突破性的成果出现。这个情况持续了 12 年之久。到 1991 年，这方面的专家 Robert 和他的团队采用了一种新方法，利用采集到的各种类型的数据对生产故障进行预测，才找到了一种正确有效的故障预测方法[18]。一种基于神经网络的预测方法被成功地引入到故障诊断与预测中[19]，该方法由 M. Marseguerra 等于 1992 年提出。1996 年 Wong KCP 等开发了一种基于人工智能的探测器，用于监测和预测电力系统特定部分的早期故障。该检测器只需要从电力系统的输入和输出节点获取外部测量值，AI（人工智能）检测系统能够快速预测系统内的故障[20]。C. Bunks 等[21]在 2000 年将 HMM（隐马尔可夫模型）应用到直升机关键部件的故障监测上，通过采集其工作的数据信息，从而建立了 HMM 模型，该模型可以较为准确预测当前故障以及剩余使用寿命。2001 年 Davison, Craig R 等构建了计算机模型，将其成功应用到小型燃气涡轮发动机的故障诊断以及剩余寿命预测中[22]。同年，美国的密歇根大学和威斯康星大学与多家知名公司一起研究智能维护技术，用来降低相关设备故障发生率。科学技术的日新月异，导致基于人工智能的算法也开始应用到该领域中。2012 年 Kim H E 等提出利用多分类支持向量机来预测实验轴承未来故障以及剩余可用寿命，预测结果表明，该方法的预测精度较高[23]。一种适用于电子设备 SVR 故障预测模型在 2013 年被 Huang Y 等提出。实验表明，雷达故障预测精度相对于传统预测模型有着显著的提高[24]。2014 年 Shin J H 等通过使用 SVM 方法分析风力发电机故障和外部环境因素，提出了使用 SVM 方法预测风力涡轮机的故障[25]。2015 年 Zhang B 等开发了基于证据推理（ER）的最佳算法来训练故障预测模型。以计算机数控铣床伺服系统的螺钉失效为例，故障预测结果表明，该方法能够结合定性知识和一些定量信息，准确预测系统的行为[26]。2016 年 Parkin P 提出了一种用于电气系统中的故障预测的方法，通过收集数据与标准偏差因子进行评估，以这种方式，可以在器件发生故障并且系统经历故障状况之前进行维护[27]。2017 年 Prosvirin A 等[28]提出利用称为一类最小二乘 SVM（OC LS SVM）的强大异常检测器来分析用于预测轴承降解的数据序列并检测启动时间预测（TSP），结果表明 OC LS SVM 在确定滚动轴承的 TSP 和故障阈值方面具有很大的潜在价值。

　　针对故障预测技术领域，国内专家学者也展开了相应的研究。1979 年我国华中科技大学邓聚龙教授创立了灰色理论，该理论适用于信息匮乏的非线性系统[29]。2001 年程惠涛等提出了一种基于神经网络的预测模型，该模型的预测精度取得了有效的改善[30]。2005 年秦俊奇等创造性地首次将该技术应用到火炮中，提出了一种动态 FCEM（fuzzy comprehensive evaluation method）方法，运用 MATLAB 等数学工具创建预测模型，描述故障累计的整个过程，最终比较完美地预测了火炮的故障[31]。2008 年李永明等用 BP（back propagation）网络构建了电磁干扰参数和敏感设备骚扰响应之间的映射关系，原始数据与预测数据的获取主要靠电磁场数值计算方法，训练已构建成功的 BP 网络，利用建立成功的预测模型快速预测电磁兼容等问题[32]。2009 年雷达等通过对退化过程理论的深入研究，在此基础上建立了损伤增长模型，该模型能够实现对航空发动机核心部件 RUL（剩余使用寿命）的预测[33]。2010 年张华等通过利用相关的风速资料构建了一种基于 SVM 预测模型，实验测试表明，张华所设计的预测模型预测值与真实值非常接近，达到了预期的效果，实验误差仅为 10%左右[34]。在 SVM 的基础上，一种基于 LS-SVM 预测模型由赵洪山[35]等在 2012 年提出，该模型相对于传统的 SVM 模型，在预测精度上又有了 4%~5%的提高。考虑到 BP 神经网络对于非线性问题的处理能力，王小乐等在 2013 年提出了一种基于 BP 神经网络旋转机故障预测模型。实验结果表明：在实际预测中，该模型不仅具有良好的有效性，而且具有很强的现实可行性，具有重要的工程应用价值[36]。2014 年张朝龙等通过采集电器元件在不同时刻的健康数值点，提出了一种基于相关 SVM 的电路故障预测方法，准确地预测输入电路的预测寿命[37]。2015 年田沿平等提出了基于状态维修（CBM）的最小二乘支持向量机（LSSVM）和隐马尔科夫模型（HMM）组合故障预测方法，预测精度可以达到 93.3%[38]。2016 年郭卫霞等根据国内外船舶碰撞事故以及相关数据建立回归模型，经过误差训练后，该误差可以快速收敛，收敛精度较高，可以用于船舶碰撞的预测研究[39]。2017 年郭宇等提出了一种基于灰色粗糙集与 BP 神经网络的设备故障预测模型，实例验证表明该模型预测误差更小，预测准确率更高[40]。2018 年杨宇等提出了基于 FA - ASTFA 和最小凸包的齿轮裂纹故障预测模型，试验对比分析表明，预测模型在预测齿轮早期裂纹故障时比传统预测模型具有更大的可靠性和准确性[41]。

目前学术界和工业界在加紧研制 SiC、GaN 等宽禁带功率半导体器件外，开始逐步深入探索功率半导体器件在实际运行工况下健康状态在线的管理方法。借鉴机械工程、航空航天等领域的 PHM（prognostics and health management，健康状态监测和管理）范式。功率半导体器件实际运行外特性（电气特性和热特性）中隐含着大量关于模块运行状态的信息，如结温信息、故障信息、老化信息等。综合利用这些信息可以有效评估 IGBT 模块实时健康状况（故障状况、运行裕度、模块寿命等），并根据具体应用系统的拓扑结构评估器件健康状况对系统可靠性的影响，从而辅助实现人工干预（控制和检修计划的制订等）。

由上述分析可知，状态信息的提取是实现器件健康状态的综合评估和在线管理的基础环节。具体来说，器件的关键状态信息主要包含以下两部分。

（1）结温信息：在各类失效因素中，约 55% 的电力电子系统失效主要由温度因素诱发。大容量 IGBT 模块受温度影响的主要指标包括平均结温、最高结温、结温摆幅和基板温度等。根据大量试验统计数据与失效机理分析可知，功率器件在失效前所经历的温度循环周期数主要由结温摆幅、最高结温、平均结温、最低外壳温度及模块周期导通时间等因素共同决定。因此，大容量 IGBT 模块结温（IGBT 开关管和反并联二极管的芯片温度）的精准在线提取与检测是其寿命预测、健康管理与可靠性评估的基础。

（2）老化信息：功率半导体模块是由内部器件芯片和外部封装结构组成的，在环境温度和交变功率损耗的双重作用下，功率模块通常工作在交变结温波动的工况下，由于多层结构的 CTE（受热膨胀系数）不一致，在材料交界面会长期存在交变的剪切应力和法向应力，导致模块的老化积累。与瞬态失效不同，老化失效是长时间尺度积累的结果。模块运行工况下老化信息的实时准确提取，是实现模块寿命预测以及寿命周期优化管理的前提，对于系统故障运维成本的降低具有极大好处。

当前，"中国制造 2025"的提出，我国力争成为一个现代化的工业强国。一个好的工业体系离不开完善的故障预测技术。故障预测技术作为 PIM（个人信息管理器）技术的重要支柱，目前取得了一些显著的研究成果，并且广泛应用于很多相关领域：航空航天、军工和机械制造。虽然取得了一定成果，但是还有很多不足。例如，电机控制器核心部件 IGBT 模块中的研究还很匮乏，IGBT 模块的维修模式正由传统"计划修"向"状态修"转变。

IGBT 由于自身的工作特性，主要应用于电力电子领域中较高频率的大、中功率场合，对 IGBT 进行散热时的主要难点是 IGBT 自身的高热流密度及高热量，因此其常用的散热方式是强迫风冷、液冷散热、热电制冷和热管制冷等。目前，IGBT 的芯片和基板在封装过程中采用直接铜键合工艺来实现两者的结合，DBC 板（覆铜陶瓷基板）的中间陶瓷层一般采用导热系数比较高的 AlN（氮化铝），可以起到导热和绝缘的作用。

近年来，国内外对于这方面的研究不断深入，取得了不少成果，IGBT 的散热问题得到了大大的改善。当前应用比较普遍的散热方法，包括风冷、液冷、热电制冷、热管制冷等。江超、唐志国等提出了一种 IGBT 的风冷散热结构并对其进行了建模分析，主要是针对其公司生产出的一种电动汽车中电机控制器的 IGBT[42]，他们通过理论估算得出在额定工况下 IGBT 结点温度，同时对该 IGBT 及所提出的风冷散热系统建立出对应的黑匣子仿真模型，进而利用流体仿真软件对 IGBT 芯片结温和散热器的温度场、流场进行可视化热仿真分析。同时，对 IGBT 芯片结温进行试验测定，并与热仿真结果以及理论估算结果进行对比，验证了该新型风冷散热器能满足 IGBT 正常工作的热设计要求。丁杰、张平利用 Hyper Mesh 软件划分出高质量的网格，并利用 Fluent 软件计算出 5 种型号的风机在吹风和抽风方式下的流速、温度场分布情况，还进行温升实验，验证了两种方式下的空气流动方式的差别以及其对 IGBT 元件温度的影响[43]。但是，针对 IGBT 芯片的风冷散热效率低，噪声大，浪费空间，散热效果不明显且维修起来不方便。

中国北车集团大连机车研究所有限公司的李昂、王硕提出了一种 IGBT 用水冷散热器[44]。通过改变流道的流通形式，在基板的主流道上加工出很多细的流道挡板，使得其形成了很多的分流道，使冷却介质能够同时流过主流道和分流道，增大了散热面积，提高了散热效率，可以满足大功率 IGBT 模块较高的散热要求。于颉使用 Ansys-Flunet 模拟电动公车采用的直接液冷式 IGBT 模块在不同条件下的温度场、速度场及压力场等的分布[45]，用来分析各散热模块的性能，以求得最佳的散热设计方案。但是，液冷散热需要附带复杂的冷却液循环系统，同时对系统密封性要求甚高，一旦散热器或者管道出现冷却液泄露就会造成主变流器电器短路等严重后果。

TEC（热电制冷器）在 IGBT 散热和去除 IGBT 芯片热点方面也具有很大优势。G. Jeffrey Snyde 等[46-47]将 TEC 模块与微通道散热器两种散热方式进行结合，具体实现方式为将 TEC 模块嵌入热散热器，后者再与微通道散热器紧密连接，他们采用此种散热结构进行散热实验，验证了该种方法的可行性，并证明了这种混合式散热器的散热结构完全能够满足设想的散热需求。Wang P 等人提出了一种 TEC-水冷混合式散热器[48-49]，它的主要特点是采用了微接触结构，微接触结构的应用可以使 TEC 模块集中针对热源的热点区域部分的热量，使得散热效率大大提高。此后，他们进一步地将该采用微接触结构的 TEC-水冷混合式散热器用于 IGBT[50]，并验证该散热器满足了 IGBT 芯片的散热需求。

南昌大学的陈修强开发设计出了一种 IGBT 用热管散热器，并在此基础上应用实验研究与数值分析结合的方法，对该 IGBT 用热管散热器系统地进行了研究，为 IGBT 提供了一种有效的散热方案[51]。刘文广等提出了一种使用热管的压接式 IGBT 封装结构[52]，该封装结构整体紧凑，且能够兼顾芯片保护，具有较好的散热路径；且由于使用了热管，功能上实现了双面散热，整体热阻较小。但是因为竖直方向上采用硬压接结构，器件进行压装时芯片承受压装力，因此芯片就有可能因为过大的压力而被机械破坏。

此外，还有大量的国内[52-57]、国外专家学者[58-63]也投入了 IGBT 的散热问题研究，为 IGBT 在各个领域的广泛应用打开了基础。

1.3　本书主要研究内容及结构安排

■1.3.1　主要研究内容

本书主要是针对 PHM 的核心技术——故障预测技术展开研究。选取纯电动汽车电机控制器核心部件 IGBT 作为研究对象，提出基于改进萤火虫算法优化 BP 神经网络预测模型。使用改进萤火虫算法优化 BP 神经网络模型的初始权值和初始阈值，得到最优权值和最优阈值，建立改进萤火虫算法优化 BP 神经网络 IGBT 剩余使用寿命预测模型，并通过 NASA（美国航空航天局）的 AMES 实验室提供的 IGBT 模块加速寿命数据来实现对 IGBT 模块剩余使用寿命的精确预测。主要工作内容如下。

（1）对 IGBT 模块的基本结构与分类、工作原理以及运行特性进行系统分析基础，归纳并总结了 IGBT 模块两类典型的失效模式，揭示了温度以及长期的温度波动对 IGBT 模块可靠性的影响，为其可靠性分析和剩余使用寿命的预测奠定了理论基础。同时研究比较了可用于 IGBT 模块状态监测的四种评估参数之间的优劣所在。

（2）利用 K-S 检验、ALTA 以及 MATLAB 软件中的 normplot 函数对 IGBT 模块的数据进行分析，揭示了 IGBT 模块的寿命服从对数正态分布，为评估其可靠性和健康状态提供了一种简单实用的方法。

（3）阐述了传热学和计算流体力学的基本理论知识，包括三种常见的热传递方式以及流动状态的判断，研究了计算流体动力学软件（CFD）的控制方程式、常用的湍流模型并研究了两种冷却方式（风冷和液冷）以及判断散热器冷却效果好坏的标准（热阻和压降），并对 IGBT 模块进行简单的分析。

（4）研究其剩余使用寿命预测模型、寿命分布、可靠性和健康状态以及简单的热分析。

▋1.3.2　本书结构安排

第 1 章 绪论，阐述本书的研究背景及意义、国内外研究现状以及本书主要研究内容和章节安排。

第 2 章 IGBT 的基本工作原理与失效模式，介绍了 IGBT 模块的基本结构与分类、工作原理以及运行特性，归纳并总结了 IGBT 模块两类典型的失效模式，在此基础上揭示了结温差对 IGBT 模块可靠性的影响。同时探讨比较了可用于 IGBT 模块状态监测的四种评估参数之间的优劣所在。

第 3 章 IGBT 模块寿命的可靠性分析方法，本章首先对 IGBT 模块寿命做对数正态分布假设，在阿伦尼斯加速模型基础上，采用 MLE（极大似然估计方法）估计了对数正态分布函数的对数均值与对数标准差。其次，使用 K-S 检验和 ALTA 对其加速寿命试验数据展开了分析研究。结果表明，IGBT 模块的寿命服从对数正态分布，其加速模型符合 Arrhenius 加速模型。同时该方法能快速、准确地获得 IGBT 模块可靠性分析中常见的图形和参数值，为快速和高效地分析其可靠性提供了一种较实用的方法。

第 4 章 功率模块 IGBT 散热分析，本章首先阐述了传热学和计算流体力学的基本理论知识，包括三种常见的热传递方式以及流动状态的判断。之后研究了计算流体动力学软件（CFD）的控制方程式、常用的湍流模型并研究了两种冷却方式（风冷和液冷）以及判断散热器冷却效果好坏的标准（热阻和压降）。最后对功率模块 IGBT 进行简单的分析。

第 5 章 IGBT 模块的剩余使用寿命预测与健康管理，本章首先介绍了 IGBT 模块的关于 PHM 技术的研究方案以及三种主流的故障预测技术，确定了适合 IGBT 模块的 BP 神经网络，接着对 BP 神经网络的原理及存在的问题进行了介绍。最后建立改进萤火虫算法优化 BP 神经网络 IGBT 剩余使用寿命预测模型，并通过 NASA 的 AMES 实验室提供的 IGBT 模块加速寿命数据来实现对 IGBT 模块剩余使用寿命的精确预测。

第 6 章 总结与展望，本章首先综述本书的研究成果。然后展望今后工作的研究趋势。

■ 第 2 章 ■

IGBT 的基本工作原理与失效模式

为了更加准确地判断 IGBT 模块的健康状态，并事先预测 IGBT 的故障，实现基于状态的维护，务必充分掌握 IGBT 模块的基本结构、工作原理、运行特性和失效模式，以达到预期的效果。因此本章将对 IGBT 模块的失效模式进行深入的研究，并主要探究造成 IGBT 模块铝引线键合脱落和焊接层疲劳失效的物理机理，揭示了温度以及长期温度波动（结温差）对 IGBT 模块可靠性的影响，为创建 IGBT 模块加速寿命实验和预测剩余使用寿命提供了理论基础。

2.1　IGBT 基本结构与分类

■ 2.1.1　IGBT 的基本结构

绝缘栅极双极型晶体管，又称 IGBT，是由绝缘栅型场效应管（MOSFET）和双极型三极管（BJT）组成的半导体功率器件，具有 MOSFET 的高输入阻抗、驱动功率小、开关速度快及 BJT 的饱和压降低、载流密度大等优点[64-66]。随着科学技术的飞速发展，IGBT 因其驱动功率小、饱和压降低的特点被广泛应用于家电、交通运输、电子产品、开断电源及自动控制的变频器等诸多领域[67-69]。IGBT 自诞生至今已有 30 多年，各大研发团队对其制造工艺和性能参数不断地优化改善，目前 IGBT 在诸多领域的应用中，所表现出来的优良性能使其成为最为理想的开关器件之一[70-71]。

IGBT 是由发射极 E、栅极 G 和集电极 C 组成的三端子器件。IGBT 的基本结构包括 N 沟道 MOSFET 和 BJT，其基本结构如图 2.1 所示。IGBT 与 MOSFET 结构上较为相似，最大的区别就是 IGBT 在 N 沟道 MOSFET 漏极上增添一个 P^+ 基板，构成一个四层结构，相当于 PNP-NPN 达林顿结构，从而形成了一个较大面积的 P^+N 结 J_1。这样使得 IGBT 导通时由 P^+ 注入区向 N 基区发射少子，从而对漂移区电导率进行调制，使得 IGBT 具有很强的通流能力，而其余电极的构造则无大的区别。

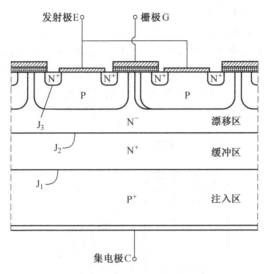

图 2.1　IGBT 基本结构

从上述 IGBT 组成的结构来看，这种结构使得其具有很强的通流能力，为大电流方向的发展提供了条件，但也给器件带来了一些不利影响。

（1）由于器件成为 PNPN 多层结构以及其内部寄生器件的产生，在一定运行工况下，可能会导致擎住效应，或称锁定效应。一旦器件进入擎住状态，栅极因失去对其集电极电流的控制能力而使其集电极电流增大，造成器件功率损耗过高而烧坏 IGBT。尽管能够通过特定的结构设计和控制措施尽量避免擎住效应的发生，但仍然无法从根本上消除这一现象。

（2）由于少数载流子的注入，IGBT 在关断时会在其 N^- 区中发生大量载流子的复合与抽取过程，引起电流拖尾效应，延长了关断时间，导致其开关损耗增大和工作频率下降。

N^+ 区域被称为源区域，所以其电极被称为源极或发射极。栅极区是控制 IGBT 开通和关断的区域，使得该区域上的电极被称为栅极。沟道形成在控制栅极区域附近的交界区域处，并且发射极和集电极之间的 P 型区域被称为亚沟道区（subchannel area）。漏极区域另一侧的 P^+ 区域被称为 IGBT 所特有的漏注入区（leakage injection area），和上述两个区域共同作用，起到了与 PNP 双极晶体管相同的效果，产生空穴并注入漏电极。通过这种方式来调制漂移区电导率，与此同时降低 IGBT 的开通电压[72]。

2.1.2　IGBT 的分类

IGBT 可根据有无缓冲区进行分类。缓冲区是 N^- 漂移和 P^+ 注入区之间的

N⁺层。如果 IGBT 内部没有缓冲区，称为非穿通型（NPT IGBT）；如果内部有缓冲区，则称为穿通型（PTI GBT）。

1. 穿通（PT）型 IGBT

PT IGBT 是最早商业生产的 IGBT。其内部结构及电场分布如图 2.2 所示，图中同时给出在阻断状态下，内部电场与集电极−发射极电压的关系。这种 IGBT 以高掺杂的 P⁺为衬底，之上是 N⁺缓冲层，然后以 N⁻基为外延。最后通过扩散和注入工艺构造发射极与栅极。

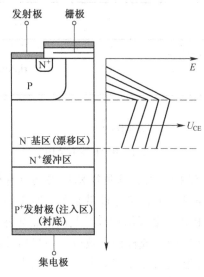

图 2.2　PT IGBT 内部结构及电场分布（不成比例）

由于 P 区和 N⁻之间电位相差较大，当 IGBT 阻断正向电压时，P 区只有很小区域内电场变强。而电场几乎毫无衰减地穿透 N⁻基区，直到高掺杂的 N⁺区。也就是当外加电压足够高时，它可以穿通整个 N⁻基区，因而称为"穿通"型。但是电场无法延伸到 P⁺发射区，因此并不是实际意义的穿透。无论怎样，这类 IGBT 的名称就这样命名了。由于 N⁺缓冲层的存在，N⁻基区可以设计得薄一些。缓冲层还有第二个任务：复合部分从 P⁺层发射的空穴。这样就降低了 P⁺层实际发射效率，从而影响关断特性，减小拖尾电流和 IGBT 的电流下降时间。缓冲层可以平衡 IGBT 的通态损耗和开关损耗。

通常半导体衬底的本征载流子浓度 n_i 随着温度的升高而增大，所以它的等效电阻变现为负温度系数，这样半导体的等效电阻就会降低。通过一定的方法改变载流子的寿命，就可以变成正温度系数。根据掺杂和寿命设计的不同，IGBT 可表现为正温度系数或者负温度系数。IGBT 一般有一温度点，超过该温度后正负温度系数特性将反转。

PT IGBT 在室温下载流子的寿命 τ 较短，但随着温度的升高而变长。载流子的浓度升高，即等效电阻随温度的升高而下降。这一特性被降低的载流子迁移率 μ 和增加的发射极-集电极端子结电阻在一定程度上抵消。总之，PT IGBT 随着温度的上升，相同电流下的正向压降 U_{CE} 减小，这说明 PT IGBT 是负温度系数的。大多数情况下，在标称电流范围内，IGBT 无法从负温度系数转变为正温度系数，这样就很难实现 PT IGBT 的并联使用。PT IGBT 在并联应用中，如果配对不理想，每个 IGBT 的电流会显著不均流。极端情况下，一个 IGBT 过载，会导致所有的 IGBT 过载保护，最后整个系统出现故障。如果要并联使用 PT IGBT，必须根据它们的饱和压降 U_{CEsat} 分级或进行筛选。厂商也支持提供 U_{CEsat} 分级。只有饱和压降 U_{CEsat} 在同一范围内，且相互之间有良好的热耦合设计，PT IGBT 才能较好地并联使用。

2. 非穿通（NPT）型 IGBT

20 世纪 90 年代初，西门子（西门子的半导体部门现变为英飞凌科技）公司开发出新一代的 NPT IGBT。

与 PT IGBT 不同，NPT IGBT 以低掺杂的 N^- 基区作为衬底，是生产流程的起始点，这样 P 掺杂发射区就可以设计得很薄。现在用于 1.2 kV IGBT 的芯片厚度在 $120\sim200\mu m$，而且，不再需要 PT IGBT 的 N 型缓冲区，这样在阻断状态，电场只在 N 型衬底内存在。NPT IGBT 内部分层结构和电场分布如图 2.3 所示，N 型衬底中的电场沿着集电极方向线性降低。因为电场不再"穿通"N 型衬底，所以被称为"非穿通"IGBT。然后，根据 NPT IGBT 的工作原理，低掺杂 N^- 型衬底必须设计得相对比较厚，以能够承受所有阻断电压，这样该层的损耗就成为 IGBT 总损耗的主要部分。

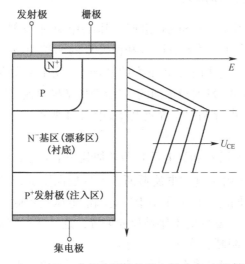

图 2.3　NPT IGBT 内部分层结构和电场分布（不成比例）

由于背部发射区（P 掺杂层）较薄，所以其中的载流子浓度不如 PT IGBT 中的浓度高，因而很难改变发射区中载流子寿命，或者说没有必要。相对于 PT IGBT，关断时拖尾电流较低，但是持续的时间较长。

相对于 PT IGBT 的负温度系数，NPT IGBT 基本表现为正温度系数。室温下载流子寿命 τ 较长，温度的增加对载流子寿命增加影响很小。在这种情况下，载流子迁移率 μ 的降低和集电极及发射极接触电阻的增加将成为主导因素。然而，在非常低的正向电压或电流时，NPT IGBT 仍表现为负温度系数。当电流稍微增大时，NPT IGBT 表现为正温度系数，因此，NPT IGBT 在实际应用时，可以认为具有正的温度系数。尽管随着温度的上升损耗会增大，但是有利于 IGBT 的并联。当 NPT IGBT 并联使用时，如果一个 IGBT 流过的电流过大，由于发热，温度上升，导致导通压降变大，从而降低流过的电流。这种基于负反馈的自我调整，使得 NPT IGBT 未经筛选就可以实现芯片或者器件的并联。

IGBT 特性与结构相关，结构不同使其物理特性也不同。缓冲区的存在降低了 PT IGBT 反阻断能力，但同时也缩短了 IGBT 关断时间，从而降低了通态压降。另外，缓冲区的存在在 IGBT 关断时可减小残余电流，功耗也随之降低。而 NPT IGBT 可实现反阻断，但以牺牲其他性能为代价，其应用范围不如 PT IGBT。

2.2 IGBT 的工作原理及特性

▌2.2.1 IGBT 的工作原理

由于 IGBT 的结构与 MOSFET 相似，其工作原理类似于 MOS 管。为了使 IGBT 正常工作，需要在它的发射极 E 和栅极 G 的两端加载一个 U_{GE}（$U_{CE} < 0$）时，因此，反型层形成于栅电极正下方的 P 层上，并且在栅极下的 N^+ 和 N^- 之间形成导电沟道。在 IGBT 发射极下面的 N^- 层产生基极电流，同时从集电极上面的 P^+ 层注入空穴，进行电导调制，等效电路如图 2.4 所示。

1. 导通过程

当在 IGBT 的发射极 E 和集电极 C 两端加载一个 U_{CE}（$U_{CE} < 0$）时，J_2 结被反向偏置，IGBT 体区内流过的电流截断，实现反向阻断。往器件集射极之间施加正偏压 $U_{CE} > 0$，同时门极电压小于额定阈值电压或者低至零，没有在 MOS 部分的 P 阱区形成沟道，器件的 J_1 结被反向偏置，这就使得阳极电流被阻断无法流通，导致器件被正向阻断，无法正常工作。

当在 IGBT 的发射极 E 和集电极 C 两端加载正的电压时，$U_{CE} > 0$，若此时的 $U_{GE} < U_{GE(th)}$，由于导电沟道在位于栅极氧化层下的半导体中没有产生，所以器

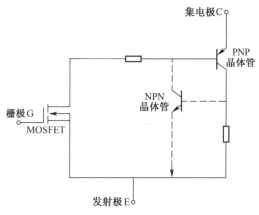

图 2.4　IGBT 等效电路

件的 J_2 结是反向偏置的，此时集电极 C 中基本无电流流过，只有一点点的漏电流，使得器件处于正方向阻断状态，不能正常工作。若此时向栅极加载一个 U_{GE}（$U_{GE} > 0$），则发射极电子通过 MOS 导通沟道进入 N⁻ 漂移区域中。此时，J_1 结被正向偏置，IGBT 进入了快速导通状态。与此同时，载流子从 P⁺ 注入区流入到 N⁻ 漂移区，并产生了电导调制效应，造成 IGBT 的 N⁻ 漂移区中电阻率迅速下降，内部的调制电阻减小，使得 IGBT 在导通电流密度高时具有低的通态压降，MOSFET 和 IGBT 最本质的区别就是电导调制效应。

　　IGBT 集电极电流的上升速率是其开通速度的一个重要表征。MOS 管的跨导系数 k_p 对集电极电流的上升速率有显著影响。

　　MOS 管的跨导系数 k_p 与载流子的迁移率成正相关。高温下，载流子迁移率随温度的上升而减小，即 MOS 管的跨导系数 k_p 随温度的上升而减小。文献[73] 给出了 k_p 随温度变化的计算表达式。图 2.5 所示为跨导系数 k_p 随温度 T 的变化趋势。

$$k_p(T) = k_p(T_0) \left(\frac{T}{T_0} \right)^{-1.5} \tag{2-1}$$

　　由图 2.5 可知，温度越高，跨导系数越小，集电极电流的上升速率越慢，IGBT 的开通速度越慢。

　　2. 关断过程

　　当撤走 IGBT 栅极电压或者加载一个低于栅极阈值电压（$U_{GE} < U_{GE(th)}$），MOS 管结构内部的导电沟道将会消失，导电沟道的消失将会切断进入 N 区电子的来源，刚开始注入 N⁻ 漂移区内的空穴也将消失；但是由于在 N 层内已经存在的空穴电流 I_h 并不会马上消失，因此在关断的过程中集电极电流会继续流动，其原因是大量的电荷存储在 N⁻ 漂移区中，并且从耗尽层出来的电子连续地扩散到

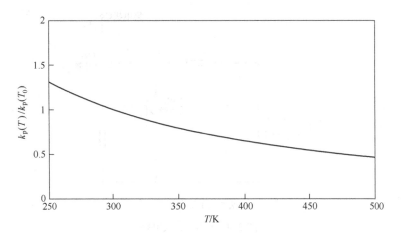

图 2.5　跨导系数 k_p 随温度 T 的变化趋势

J_1 结。在这个时候，J_1 呈现正向偏置的，P^+ 注入区的空穴由于这些电子存在可以继续流入漂移区并与其复合，随着持续缓慢的复合过程，集电极电流也在逐步减小，造成关断过程中电流呈现尾部拖长的现象，如图 2.6 所示。

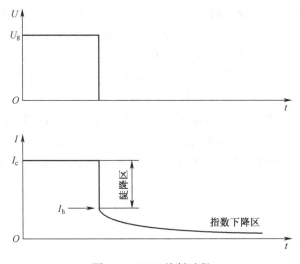

图 2.6　IGBT 关断过程

IGBT 的整个关断过程可以由两个部分组成：第一阶段对应于 MOS 管的关断过程，随着栅极电压 U_{GE} 的下降，MOS 管的沟道消失，因为 MOS 管的沟道电流是 IGBT 集电极电流 I_C 的主要部分，所以这段时间内 I_C 下降较快；第二阶段由 BJT 的存储电荷决定，因在第一阶段末尾，MOS 管已关断，IGBT 又无反向电压，N 基区中剩余载流子复合缓慢，所以这段时间内 I_C 下降较慢。

由上述论述可知，BJT 的共射极电流增益 β 决定了 IGBT 关断的第一阶段 I_C

的下降幅度；剩余载流子的寿命决定了 IGBT 关断的第二阶段 I_C 的下降速率，即 BJT 的电流增益 β 和剩余载流子的寿命 τ 对 IGBT 的关断速度影响显著。

（1）剩余载流子的寿命 τ 是无外部激励时，剩余载流子浓度恢复到其平衡态时所用的时间，其大小为电子和空穴少子寿命之和。文献 [74] 考虑了本征载流子寿命、SRH 复合（载流子寿命随温度上升而增加）及原子间的俄歇过程（Auger Process，载流子寿命随温度上升而减小），假定在大注入和准中性（$p \approx n$）条件下，计算剩余载流子寿命如下：

$$\tau = \left[(400 + 11.76 \times 10^{-13}) N_t \left(\frac{T}{300} \right)^{-0.57} + 2.78 \times 10^{-31} p^2 \left(\frac{T}{300} \right)^{-0.72} \right]^{-1}$$
$$+ \left[(400 + 3 \times 10^{-13}) N_t \left(\frac{T}{300} \right)^{-1.77} + 1.83 \times 10^{-31} p^2 \left(\frac{T}{300} \right)^{1.18} \right]^{-1}$$
$$(2-2)$$

式中：n，p 分别为电子、空穴载流子的浓度，cm^{-3}；N_t 为复合中心浓度，cm^{-3}；T 为温度，K。

对低掺杂基区（$n = p < 10^{17} cm^{-3}$），载流子寿命计算式可简化为

$$\tau = \tau_0 \left(\frac{T}{300} \right)^{0.57} \left[1 + \frac{\left(\frac{T}{300} \right)^{1.2} - 1}{0.6276 + 149\tau_0 + \sqrt{2.22 \times 10^4 (\tau_0^2 - 5 \times 10^{-3}\tau_0)} + 0.3938} \right]$$
$$(2-3)$$

其中，τ_0 为 $T_0 = 300$ K 时的载流子寿命。图 2.7 所示为剩余载流子寿命随温度的变化趋势。

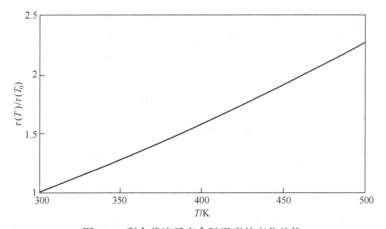

图 2.7　剩余载流子寿命随温度的变化趋势

由图 2.7 可知，少数载流子寿命 τ 随温度的升高而增加，即温度升高时，IGBT 关断的第二阶段少数载流子复合更加缓慢，关断速度减慢。

（2）BJT 的共射极电流增益 β 为 BJT 拖尾电流 I_{tail} 和 MOS 管沟道电流 I_D 之比，它与 BJT 的共基极电流增益 α 的关系为

$$\beta = \frac{\alpha}{1 - \alpha} \tag{2-4}$$

而 BJT 的共基极电流增益 α[75] 为

$$\alpha = \frac{1}{\cosh(W/L_A)} \tag{2-5}$$

式中：W 为准中性基区宽度；L_A 为双极扩散长度。其中

$$L_A = \sqrt{D_A \tau} \tag{2-6}$$

式中：D_A 为双极扩散系数，其计算表达式为

$$D_A = \frac{2D_n D_p}{D_n + D_p} \tag{2-7}$$

式中：D_n、D_p 分别为电子、空穴的扩散系数，可由下面两式计算：

$$D_n = \mu_n KT/q \tag{2-8}$$

$$D_p = \mu_p KT/q \tag{2-9}$$

式中：μ_n、μ_p 分别为电子和空穴的迁移率；K 为玻尔兹曼常数（1.38×10^{-23} J/K）；q 为电子电荷量（1.602×10^{-23} C）。

载流子的迁移率是由载流子的散射机制决定的，载流子散射分为电离杂质散射和晶格（声子）散射两种[76]。对电离杂质散射来说，温度越高，载流子平均热运动速度越大，载流子经过电离杂质时，在其附近停留的时间越短，离子的散射作用越弱，即电离杂质散射的相关迁移率随温度的升高而增大；对晶格（声子）电离杂质散射来说，温度越高，声子浓度越大，散射增强，迁移率越小。这两种载流子同时作用于载流子，在较低温度下，电离杂质散射主导；在较高温度下，声子散射主导。高温下，载流子迁移率的计算表达式为

$$\mu_n = 2.92 \times 10^3 \left(\frac{T}{300}\right)^{-1.21} \tag{2-10}$$

$$\mu_p = 603 \left(\frac{T}{300}\right)^{-1.94} \tag{2-11}$$

根据式（2-7）~式（2-11），得到双极扩散系数表达式为

$$D_A = \frac{2K}{q} \times \frac{11.2 \times 10^7 T^{-0.94}}{2.9 + 38.542 T^{-0.73}} \tag{2-12}$$

分析式（2-12）可知，D_A 随温度变化很小，其影响可忽略不计。综合式（2-2）、式（2-4）~式（2-6）、式（2-12）计算可知，IGBT 的共基极电流放大增益 α 和共射极电流放大 β 随温度增加而增加。文献［77］提出 IGBT 的共射极电流放大增益 β 随温度的变化的表达式：

$$\beta(T) = \beta\left(\frac{T}{T_0}\right)^{XTB} \tag{2-13}$$

其中，XTB 为正向和反向的相关系数。当 U_{GE} 为常数时，XTB 的大小由两个不同结温下的 I_C 决定：

$$XTB = 1.5 + \lg\frac{I_C(T_0)}{I_C(T)}\bigg/\lg\frac{T_0}{T} \tag{2-14}$$

既然 IGBT 的共射极电流放大增益 β 随温度的升高而增加，温度升高时，IGBT 关断的第一阶段 I_C 的下降幅度减小，第二阶段电流拖尾的起始值增大，关断速度减慢。

2.2.2 IGBT 模块的运行特性

IGBT 是一种全控型电压驱动式功率半导体器件，其运行特性主要包括动态、静态和擎住效应特性。

1. 动态特性

由于 IGBT 不是理想的器件，因此它在导通和关闭期间需要持续一段时间。在此期间，IGBT 的内部电流和电压会相应变化，其波形变化被称为动态特性。当连接到 IGBT 的负载不同时，特性曲线也会不同，图 2.8 所示为接入电感性负载时 IGBT 的动态特性波形。

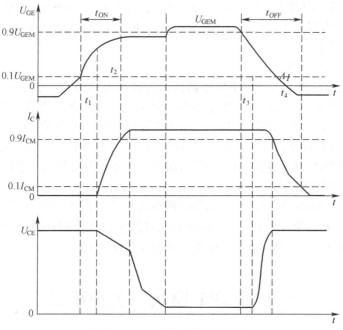

图 2.8 IGBT 的动态特性波形

在导通过程中，IGBT 开关的动态特性与 MOSFET 相似。IGBT 中双极型晶体管在进行电导调制的同时也造成基极电流的残留缺陷，使得 IGBT 开关速度受到限制，这个方面不如 MOS 管。如图 2.8 所示，由于内部等效 PNP 晶体管出现了饱和现象，导致集-射电压 U_{CE} 下降曲线分为两段。这将造成开启时间相对较慢，从而将 U_{CE} 的波形分成两段。因此 IGBT 实际的开通时间是由两部分时间组成的，即 $t_{on} = t_1 + t_2$（t_1 为延迟时间，t_2 为 IGBT 的电流上升时间）。

在关断过程中，其电流的波形也是分段的，这是因为在关闭之后无法立刻清除储存在其内部等效 PNP 晶体管中的电荷，导致在关闭过程中 IGBT 的内部电流呈现尾流现象。故 IGBT 的实际关闭时间 t_{off} 即为图 2.8 中的 t_3 与 t_4 之和。

2. 静态特性

IGBT 转移特性描述了集电极电流 I_C 和栅极-发射极电压 U_{GE} 之间的关系，即当加载在栅极的驱动电压 U_{GE} 小于栅极阈值电压 $U_{GE(th)}$ 时，IGBT 被关闭并且不能正常工作。在实际运行时，栅极-发射极电压 U_{GE} 在一个很大的电流取值范围内受限于集电极电流。一般情况下，最大的栅极-发射极电压小于或等于 15 V，来限制 I_C 不超过 IGBT 的允许值 I_{CM}。IGBT 的额定阈值电压 $U_{GE(th)}$ 和温度之间具有一定的反比关系。

当 U_{GE} 作为固定参照量时，I_C 与其电压所呈现一定相关性称为输出特性。I_C 的大小也受 U_{GE} 的影响，并且两者之间成正比例关系。

IGBT 的 I_C 与 U_E 之间的关系称为开关特性。IGBT 在导通的状态下，其内部的等效晶体管一般等价于较低 β 值的晶体管，并且通过 MOS 管的电流相对较大，占据 IGBT 中电流的绝大多数。因此，开通饱和电压通常采用二极管与 MOS 沟道电压之和来描述。

3. 擎住效应特性

IGBT 是电压控制的功率半导体器件，由栅极电压进行开关状态的控制，而栅极电压必须超过额定开启电压才能保持导通状态。但是，因为 IGBT 内部结构中存在一个比较特殊的四层结构，在 IGBT 运行期间，其内部的寄生晶闸管可能会发生意外导通现象，即所谓的擎住效应。这种现象通常发生在类似具有这种四层结构的器件中，并且其应用受到很大限制。据相关资料显示，擎住效应发生的可能性随着温度的升高而变大。

引发擎住效应的原因，或许是集电极电流过大（静态擎住效应），也或许是 du/dt 过大（动态擎住效应），这两种不同性质擎住效应的产生与器件工作场合具有很密切的联系。温度越高，也越有可能发生擎住效应。

2.3 IGBT 模块的失效模式

在充分了解 IGBT 的基本结构、工作原理以及工作特性之后，为能达到对

IGBT 模块故障的准确预测，从而实现基于状态的维护，减少维修时间，需对 IGBT 模块的失效模式进行深入的研究。IGBT 模块在现实生活应用中，由多个硅芯片通过特殊的结构集成到标准模块中。IGBT 模块的失效原因主要是由于模块在运行期间频繁开关以及结温波动带来的冲击，导致模块因疲劳损坏而失效。研究表明，IGBT 模块的失效原因 60% 是由于温度过高而导致的。在生产应用中导致 IGBT 模块失效的原因有许多，从中归纳并总结出模块的失效模式主要划分为两类：与封装相关的失效和与芯片相关的失效。

■ 2.3.1　与封装相关的失效

IGBT 模块内部构造较为复杂，其典型的模块构造由多层集成一起，其分层结构如图 2.9 所示。每层使用的材料各不相同，如表 2.1 所示。从图中可看出，IGBT 模块的内部主要由铝线键合引线、DBC 铜层、DBC 陶瓷层、硅芯片和铜基板等组成。由于每层的材料不一样以及每种材料的热膨胀系数不同，从而引起焊接材料在长时间的热循环冲击下产生疲劳和老化现象，如不能及时发现并维护，最终因芯片键合引线断裂或温升较高导致 IGBT 模块失效。IGBT 在生产过程中，因制造工艺的缺陷导致焊接层和引线出现不同程度的裂纹和空洞等潜在缺陷，封装材料在此环境下加快疲劳老化现象，从而增加模块失效概率。

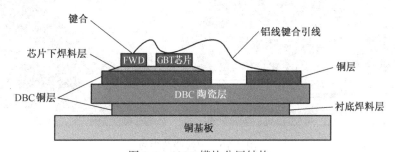

图 2.9　IGBT 模块分层结构

表 2.1　IGBT 模块各层材料属性

分层	材料	厚度 /μm	膨胀系数/ 10^{-6} K	热导率 /$[W \cdot (m \cdot K)^{-1}]$	热阻 /$(k \cdot W^{-1})$	热容 /$(J \cdot K^{-1})$
IGBT 芯片	Si	320	3.0	80~150	0.05	0.05
焊料层（芯片与上铜层之间）	SnAgCu	80	25.0	35	0.02	0.01
DBC 上铜层	Cu	300	16.8	390	0.031	0.03
DBC 陶瓷层	Al_2O_3	700	4.0	140~170	0.02	1.19
DBC 下铜层	Cu	300	16.8	390	0.031	0.03

(续)

分层	材料	厚度/μm	膨胀系数/10^{-6} K	热导率/$[W \cdot (m \cdot K)^{-1}]$	热阻/$(k \cdot W^{-1})$	热容/$(J \cdot K^{-1})$
焊料层（下铜层与基板之间）	$Sn_{63}Pb_{37}$	100	25.0	35	0.005	0.24
铜基板	Cu	3 000	16.8	390	0.003	32.33

1. 铝引线键合的脱落

键合引线通常通过键合工艺连接在半导体硅芯片上，从而将器件的电流引到功率模块上。在 IGBT 模块中，各芯片通过多根铝引线键合并联引出，这样可以提高电气连接的可靠性。但是在实际工作过程中，通过芯片上铝引线的电流会因为某根引线的脱落而重新分配，剩余引线因被分配的电流增大而加速了其脱落进程，进而导致 IGBT 模块的失效，如图 2.10 所示。

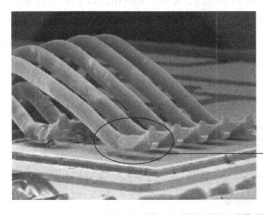

图 2.10 引线脱落失效

实际上，IGBT 模块失效的方式与温度变化幅度有很大关系。文献 [78] 认为 IGBT 模块在实际运行期间，当 $\Delta T_j \geq 100$ 时，其热阻没有显著变化，但此时产生的剪切应力较大，造成铝引线脱落的可能性较大，从而使 IGBT 模块失效；如果温度变化幅度相对较小，IGBT 的热阻将会显著增大，这种情况对焊接层的影响较大，焊接层的变形或分层等将导致模块失效。铝引线的脱落与键合工艺也有很大的关系 [79]。将金属钼涂层和聚合物涂层应用于 IGBT 焊接表面，该方法可以减缓在功率循环期间产生的剪切应力，缓解裂纹的扩展，减缓键合引线断裂或脱落的进程，延长模块的使用寿命。

通过上述分析可以得出，铝引线的脱落受各种原因的影响，对其失效机理的深入理解对于模块的优化升级和使用寿命的提高具有重要意义。

2. 焊接层疲劳

IGBT 模块的另一种失效模式为焊接层疲劳[80]。由于模块的每一层材料基本上都不一样，在运行过程中，由于材料的热膨胀系数不同导致材料在长期热循环冲击作用下发生弯曲变形、蠕变和疲劳交互作用引起的损伤。这又引起芯片与 DBC 铜层之间和 DBC 铜层与铜基板之间的焊料层出现裂纹，如图 2.11 所示，并且随着裂纹的逐渐扩散，最终造成 IGBT 模块分层或失效。

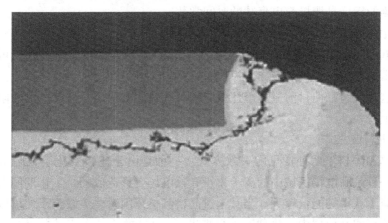

图 2.11　焊接层疲劳（裂纹）

文献［81］认为：随着功率循环次数的增加和焊接层疲劳程度的增加，功率器件焊料层中产生的裂纹和空洞也逐渐扩大，造成焊接层有效接触面积变小，热阻增加，当热阻超过本身允许最大值的 20% 时便判断其失效。实际上，在制造过程中，因工艺的复杂等原因，造成 IGBT 模块的焊料层在投入使用之前就存在空洞，初始存在的空洞越大，IGBT 失效概率也就随之越大[82]。

2.3.2　与芯片相关的失效

IGBT 模块出现故障的根本原因是其核心的芯片发生了失效。通常情况下认为，芯片发生故障的时间非常短，通过监测其状态来避免故障的发生基本不可能。但目前大量相关研究表明，任何失效机理都有一个累积与扩展的过程，可以通过其状态的监测来预防故障的发生。目前与芯片相关的失效主要为电应力、静电荷放电、自锁效应和电荷效应。

1. 电应力

电应力失效是由于封装器件在过电流和过电压情况下导致的。另外，如果功率器件工作在高电压区，其热效应产生的热不能及时散出去，会增加 IGBT 模块失效概率，因此在使用 IGBT 模块时，必须满足其散热要求，确保模块稳定运行。再者，为避免 IGBT 模块因电压上升过快而产生大的位移电流导致 IGBT 模块短路失效，在设计时需具有抗过流作用。综上所述，功率器件 IGBT 需具有一定的抗电气过应力作用。

2. 静电荷放电

静电荷放电的危害在于它可能会击穿栅极氧化层某一部分，这就造成了器件的失效可能性大大增加。如果栅极没有预先设置保护电路，则在过电压情况下，栅极可能会因静电荷放电短路失效。局部栅极是否失效通常需要通过检测来确定，检测的指标是栅极充电衰减的时间常数。

3. 自锁效应

在 IGBT 模块关断期间，电压变化率较大，器件内部的寄生晶闸管可能会被触发，由此产生的擎住效应导致模块短路并失效。尽管通过半导体优化设计大大改善了这个问题，但目前避免擎住效应的最有效的方法之一就是监测并限制最大的电压上升率。

4. 电荷效应

功率 MOSFET 两种常见的失效方式：一种是由于栅极氧化层缺陷增长造成的，另一种是高电场区域中的离子累积导致电场变形造成的。工作期间温度较高时，载流子获得的能量较大。当其超过晶格势垒范围时，热载流子便可以进入到栅极氧化层或其他层中。热载流子很难进入 IGBT 模块是由于其栅极的氧化层较厚。上述的两种失效机理可能会改变模块外部特性，从而导致模块最终的失效。

综上所述，通过专家学者们深入研究，越来越多的人比较深入了解了 IGBT 模块失效的机理，并认为 IGBT 模块的主要失效模式是由热机械疲劳引起的失效，可归纳为：通常情况下，IGBT 模块的工作结温为 125 ℃，模块工作时不能超过其规定的工作结温，当模块结温处于稳定平衡状态时，其瞬间结温一般不超过其规定的最高结温。IGBT 模块内部结温的变化也会影响门槛电压、载流子迁移率等参数，而这些参数的改变则会影响模块的导通和关闭速度、通态压降等指标，最终造成 IGBT 模块的失效。由于 IGBT 模块每一层材料的热膨胀系数不一样，焊料层里的焊料因长期的结温波动导致其强度下降或脱落，进而造成了键合引线脱落或焊接层疲劳老化等，降低了 IGBT 模块的使用寿命。以上情况都会对 IGBT 模块的可靠性以及寿命产生影响，造成模块最终失效[83]。

2.4 IGBT 状态监测参数对比

IGBT 功率器件在其性能退化失效的过程中会在内部结构产生异常，进而引起外部特性参数具有一定趋势的改变，一些关键参数如稳态热阻、阈值电压等，都能够对器件失效情况作出直接反映，可作为状态监测参量，应用于 IGBT 模块故障预测之中。下面将就这些参数在失效过程中的变化进行讨论。

2.4.1　结壳稳态热阻

IGBT 在电力电子系统中担当能量转换角色，通常具有很高的器件温度，运行时间过长会导致内部结构材料发生机械硬化等现象，增大热应力，使得焊料层出现裂缝，随着裂缝的不断生长，最终将导致芯片黏结失效；一旦出现黏结失效情况，IGBT 各物理层之间就会出现接触不良甚至无法接触的恶劣情况，在此过程中，IGBT 芯片热阻 R_{th} 会逐渐增大，结温升高，热量无法得到有效顺利地排出，从而加快功率器件失效进程。因此热阻 R_{th} 可以作为 IGBT 模块失效的状态监测参量。

Xiang 等根据所测的器件结壳温度来计算功率损耗，建立相应数学模型来计算 IGBT 功率模块内部热阻 R_{th}，即模块结到壳的稳态热阻 R_{th-c} 的变化，按照稳态热阻上升 20% 作为器件严重失效标准来衡量焊料层失效过程[84]。依照热阻定义，可得

由于
$$T_j = T_c + P_{on} \times R_{th}$$

可得
$$R_{th} = \frac{T_j - T_c}{P_{on}}$$

式中：T_j 和 T_c 分别为 IGBT 模块的结温与壳温；P_{on} 为 IGBT 导通损耗，可通过 IGBT 饱和压降与施加的电流 I_c 相乘得到。在模块底部安装温度传感器来测量壳温 T_c。该方法可跟踪系统运行情况的变化，实现在线监测，但仍然具有如下缺点。

（1）对于温度传感器需要非常高的精度，才能对壳温 T_c 进行测量。而且对于温度传感器的要求还包括稳定性，必须在整个模块寿命运行期间都能够保持稳定的工作状态。

（2）热阻的估算受散热模型的精度限制，由于散热模型影响功率耗散的计算。虽然失效前与失效后的计算都是基于同一个模型，依然存在一定误差。

（3）焊料层失效的检测基于功率模块的总功率耗散随着结温的增加而增加的假设。然而，某些器件的功率耗散与结温变化不仅依赖于器件结构，对于操作环境也有相当影响。

（4）预测算法包括基于散热器的动态热力网络模型以及 IGBT 系统器件功耗模型，且两个模型初始状态都可校准。因此模型自身不精确与测量误差都会带来一定影响。

2.4.2　门极信号

IGBT 作为压控器件，通过在栅极施加高于额定阈值电压的正偏电压来进行

器件开通，但该阈值电压会随着器件失效的过程而发生变化。有研究指出，若 IGBT 发生性能退化，将影响器件内部结构中的门极氧化层，而该氧化层的改变会导致门极电容参数也发生改变，这就使得失效前后 IGBT 门极阈值电压、跨导呈现一种与失效进程、温度时间改变具有一定相关性，故该电压值能够在某种程度上反映 IGBT 运行状态的变化。

功率器件的老化失效导致器件门极阈值电压相对于新器件较高，即 $U_{GE(th)}$ 会随失效进程而增大，器件在原有的驱动条件下开通会开始变得困难，假如 $U_{GE(th)}$ 持续增大，则会导致原驱动系统无法使用，造成计划之外的系统停机。同时由于结温 T_j 升高使得硅晶体内部的电子激发变得更为容易，激发过程更为迅速，所以 $U_{GE(th)}$ 随结温 T_j 呈现出一种反比变化关系。

Rodriguez 等通过分析器件 Miner 电容平台在器件发生老化失效时进行开通过程的物理变化，提出一种基于 Miner 平台退化趋势的方法来进行 IGBT 故障预测。图 2.12 所示为密勒电容平台仿真结果图，可以看出随着老化程度的加深，导致 Miner 电容平台相关时间参数的改变，从而影响器件开通时间。

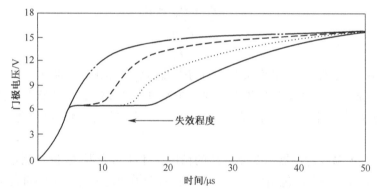

图 2.12　密勒电容平台仿真结果图

不过这种方法受到多方面限制，器件门极开通过程虽然包括 Miner 电容平台时间，但依然极为短暂，持续时间通常是纳秒级别，这就需要精度非常高的采集硬件，而且实际应用中器件内部结构存在的以及外部电路存在的寄生电容电感参数会对该平台时间造成影响，产生波动，这将导致更难以确定实际 Miner 电容平台持续时间，因为波动会导致无法确定平台开始时间点。

也有其他一些学者通过模块内部剪线实验，模拟键合引线脱落对门极信号参数变化与波形特征的作用，但无法准确模拟 IGBT 键合引线逐渐脱落这一整体过程。

■2.4.3　关断时间

IGBT 关断时由于在 N 层内中存在的空穴电流 I_h 并不会瞬间消失，而是形成拖尾电流逐渐衰退，其降低的速度主要受 IGBT 关断时电荷密度的大小与空穴流寿命所影响，而漂移区的空穴电流寿命与温度成正比关系，复合过程所需时间较长。

Farokhzad 提出利用关断时间 t_{off} 作为 IPM 系列的 IGBT 模块进行状态监测的关键参数，从而预测功率器件的失效发生[85]。IPM 系列的功率模块通常采用多个芯片并联的方式以达到通过更大电流的目的，目前应用范围日趋增大，但若其中某个芯片性能退化直至失效，该芯片无法继续工作，则之前均匀流过的电流将被重新分配至剩余未失效的芯片上，导致剩余芯片上流过的电流产生意想不到的增加，关断时残余空穴电流随之增多，使得关断时间变长。

文献 [86] 使用工业上常用三相逆变器来进行实验，验证在由键线与焊料层的失效所导致器件热阻上升情况下，IGBT 模块关断时间将会增加，如图 2.13 所示。在图中可以看到不同失效程度的器件关断时间有所差异，但都比健康状况的 IGBT 关断时间长。虽然该方法无须对工作电路附加额外设备，可实现 IGBT 器件实时在线监测，但由于 IGBT 功率器件关断时间 t_{off} 持续极短，同样需要精度极高的采集硬件，实现成本较高。

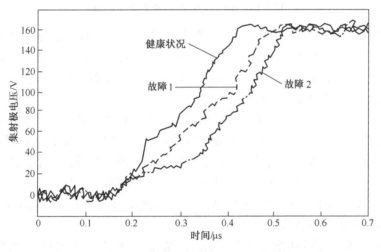

图 2.13　IGBT 失效对关断时间的影响

2.4.4　集射极饱和压降

IGBT 饱和压降就是 IGBT 工作在开通状态时的压降，由于 IGBT 并非是真正理想的开关器件，因此无法实现零开通时间以及零开通损耗，也不能在处于开通状态时被认为器件两端的电压差为零。故总是存在一个压降，其与开通时间的积分运算反映了 IGBT 导通时的能量损耗情况。国外一些学者进行 IGBT 功率模块加速老化实验，探讨 IGBT 集射极饱和压降 $U_{CE(sat)}$ 与器件失效过程的关系，实验

结果证明饱和压降 $U_{CE(sat)}$ 会随着失效进程逐渐增大，而可将饱和压降值超过正常值的 15% 作为评价 IGBT 器件是否严重失效的衡量标准[87]，如图 2.14 所示。

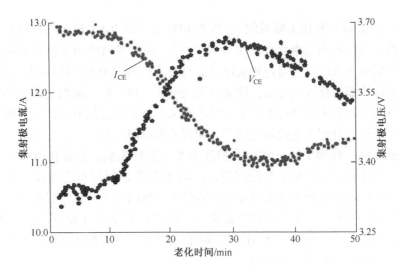

图 2.14　IGBT 失效对饱和压降的影响

在温度循环导致的以及整个 IGBT 结构中不同材料之间热膨胀系数差异所引发的热效应力持续冲击下，键合引线边缘处产生裂缝、空洞，最终导致该引线无法实现与芯片的电气连接，脱落之后需要进行电流重分布，意味着更少的引线流过更多的电流，使得平均温度升高。

热应力造成的另一个结果是产生铝金属重构，铝颗粒的排布被重新安排，原本光滑的表面会变得粗糙，导致表面电阻上升，在给定集电极电流 I_C 情况下 U_{CE} 升高，不仅使得器件开关功耗上升，温度也同时上升，形成正反馈，增大器件所需承受的热应力。由于上述两种机理都会导致芯片的平均温度上升，因此可以通过集电极-发射极电压 U_{CE} 来显示，U_{CE} 随着温度上升而上升，可选用为 IGBT 器件失效的一个性能退化参数。

文献 [88] 监测到饱和压降 $U_{CE(sat)}$ 先急速下降再上升的突然变化，如图 2.15所示。这种现象的发生是焊料层老化以及键合引线脱落两种失效机理共同作用所造成的，其中 IGBT 功率器件焊料层疲劳老化时会导致热阻与结温的增加，使得 $U_{CE(sat)}$ 异常地出现减小，一旦键合引线由于空洞过于严重而脱落，$U_{CE(sat)}$ 就会出现急升的现象。

通过以上对各种现有 IGBT 功率器件状态监测技术进行分析，国内外对于 IGBT 功率器件的状态监测尚处于发展阶段，还存在着许多尚未解决的问题，各种技术适应各种不同的应用场合，需要结合实际应用情况加以甄选，扬长避短。总结如表 2.2 所示的四种状态监测技术优劣对比。

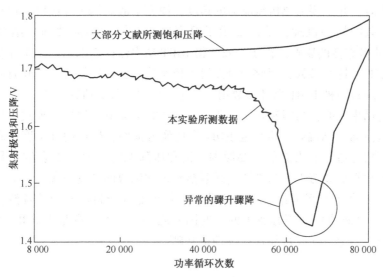

图 2.15　IGBT 饱和压降出现骤变

表 2.2　四种状态监测技术优劣对比

项目	稳态热阻	门极信号	关断时间	饱和压降
优点	与焊料层失效关系密切	与氧化层失效相关	直接反映状态变化，能够反映焊料层	能够反映焊料层失效与键合引线脱落
缺点	需同时测量结温与壳温，而结温 T_j 不易测量，要求很高的同步性以及精确度	易受电路中的杂散电容影响，且需改进驱动电路	要求传感器的响应时间达到纳秒级别，工程造价过高	受结温 T_j 和集电极电流 I_c 影响

从表 2.2 中可知，稳态热阻方法需要精度很高的温度传感器以采集结温 T_j 在器件失效前后的温度差；门极信号与关断时间 t_{off} 方法同样对传感器提出了很高要求，而且容易受外界其他因素影响；饱和压降 $U_{CE(sat)}$ 相对来说获取途径简单，与 IGBT 器件失效机理有很强的关联性，与温度同样联系密切，这就要求在使用基于饱和压降 $U_{CE(sat)}$ 的状态监测方法时，必须同时将温度纳入重点考虑范畴。特别地，由 IGBT 模块数据手册得知结温会影响饱和压降 $U_{CE(sat)}$ 测量结果。

2.5　本章小结

本章首先介绍了 IGBT 模块的基本结构与分类、工作原理以及运行特性，其次，归纳并总结了 IGBT 模块两类典型的失效模式：与封装相关的失效和与芯片相关的失效。并主要从热机械应力的角度,探究了造成模块焊接层老化与键合引线脱落失效的物理机理,从而揭示了温度以及长期的温度波动(结温差)对 IGBT 模块可靠性的影响。由于失效使得 IGBT 功率器件内部结构发生异变,从而影响工作时的特性参数,因此同时探讨了稳态热阻、门极信号、关断时间与集射极饱和压降这四种 IGBT 器件参数用于状态监测时的优劣所在。

分析结果表明:与封装相关的失效是 IGBT 模块主要的失效模式,长时间的温度频繁波动(结温差)会引起 IGBT 模块疲劳损伤,模块内部温度过高且无法向外部释放是造成其失效的主要原因,饱和压降 $V_{CE(sat)}$ 凭借其获取简易且能够有效反映焊料层疲劳失效与键合引线脱落机理的优势而备受青睐。由此可知,对 IGBT 模块做加速试验并结合其试验数据进行可靠性分析以及故障预测,结温差(结温的频繁波动)是不容忽视的主要因素之一。为下一章基于 IGBT 加速寿命数据分析其寿命分布及可靠性提供理论基础。

第 3 章

IGBT 模块寿命的可靠性分析方法

随着材料的性能、焊接技术和封装工艺等不断的提高，IGBT 模块的可靠性也随之升高。通过对 IGBT 模块进行加速寿命试验，由于时间和经费等原因导致所获取的 IGBT 加速寿命数据比较有限或者较少，使用传统的概率统计方式利用有限的 IGBT 加速寿命数据来分析其寿命及可靠性是不可取的。若通过传统的概率统计方式来分析其需要比较漫长的时间和大量的数据，则工程实用性不大。因此本章在分析 IGBT 模块可靠性之前，假设 IGBT 模块的寿命服从对数正态分布，进而使用 K-S 检验法对其加速寿命数据进行分布检验，最后利用 ALTA 对另一组数据进行分析研究。结果表明，IGBT 模块寿命服从对数正态分布，其满足 Arrhenius 加速模型。该方法为 IGBT 模块剩余使用寿命预测中数据预处理提供了一定的指导意义。

3.1　可靠性基本概念

3.1.1　可靠性的定义

可靠性的定义：产品在规定的条件下和规定的时间内，完成规定功能的能力。

这里的"产品"是指作为单独研究和分别试验对象的任何一个零件，或由许多零件组成的机械、设备和系统，还可以表示产品的总体、样品等。产品的使用寿命都是有限的，有些产品在使用中会发生故障，发生故障后，可以修复的产品称为可修复产品；不能或不值得修复的产品称为不可修复产品。如一部电视机可以发生故障多次，修复多次，因而电视机是可修复产品。汽车上的大部分零件是可修复产品。导弹、火箭、汽车上的灯泡是不可修复产品。有的修复费用比产品成本高得多，不值得修复，同样是不可修复产品。一般将不可修复产品的可靠性叫作狭义可靠性，将可修复产品的可靠性叫作广义可靠性。

由定义可看出产品的可靠性是与"规定的条件""规定的时间""规定的功

能"三者密切相关的。离开这三者，讨论可靠性是没有意义的。

"规定的条件"包括使用时的应力条件、维修方法、对操作人员的技术要求、储存时的储存条件等。这里的"应力"是指对产品的功能有影响的各种外部因素，如环境温度、湿度、辐射、振动、冲击、电流及电压大小等。在不同的规定条件下，产品的可靠性是不同的。

产品的可靠性将随着时间的增长而下降，不同的规定时间，将有不同程度的可靠性。一般来说，产品使用时间越长，故障越多，当然并不是所有的产品都必须有较长的使用时间，有的只要求在较短时间内完成一次性动作就行，这里所说的时间是广义的。可以是次数、周期、距离等。

"规定的功能"是指产品应具有的技术经济指标，也就是产品的失效标准。产品往往有多项技术经济指标，即有多种规定的功能，当产品丧失规定功能时的状态（不论是否可修复）统称为"失效"，对可修复产品来说，可以称为故障，也可以称为失效。失效在某种意义上来说，有一定的相对性。所以，事先要对规定的功能有清晰的概念，才能准确地把握失效标准。

"能力"则是定量地刻画产品可靠性的程度。"能力"具有统计学的意义，是比较同类产品可靠性或提高产品可靠性的依据。"能力"有具体的内容，通常为度量产品可靠性的指标。

产品的可靠性包括固有可靠性、使用可靠性和环境适应性。

固有可靠性是指产品从设计到制造整个过程所确定了的内在可靠性，是产品的固有属性。它主要取决于设计技术、制造技术、零部件材料和结构等。

使用可靠性是指使用、维修对产品可靠性的影响。包括使用维修方法、操作人员技术水平等可靠性的影响。

环境适应性是指产品所处的环境条件对可靠性的影响。环境因素很复杂，有气候环境、机械环境、化学环境、生物环境及储存、运输环境等。

可靠性与经济性有关，这里主要是指研制产品的投资费用。可靠性越高，相应的投资费用越高。维修性也与经济性有关，这里主要是指停工损失和修理费用。可靠性越高，产品出现故障的次数越少，维修费用和停工损失越少。图 3.1 所示为可靠度与成本关系曲线。

图 3.1 中横坐标的可靠度为包括维修性在内的广义可靠性。曲线 1 为研制投资费用；曲线 2 为使用费用，包括使用和维修费用及因偶然事故而造成的停工损失；曲线 3 为曲线 1 和曲线 2 之和，为总成本。由图 3.1 可见，若追求高可靠性，则购买费用（投资费用）较高；若可靠性较低，其使用费用却较高；两者的总成本都是偏高的。总成本曲线是可靠性的凸函数。在某一可靠性数值下，存在着总成本的一极小值，这是价值上的最佳点。也就是说，在考虑设备的投资费用时，同时应考虑设备的维护修理费用。

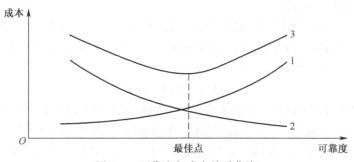

图 3.1　可靠度与成本关系曲线

1—研制投资费用；2—使用维修费用；3—总成本

3.1.2　可靠性的概率指标及其函数

产品的可靠性是用具体的数量指标来度量的。可靠性数量指标可以分为两类：概率指标和寿命指标。本节仅介绍概率指标及其函数。

1. 可靠度 $R(t)$

可靠度的定义：产品在规定的条件下和在规定的时间内，完成规定的功能的概率。它是规定时间 t 的函数，记作 $R(t)$。可靠度又称可靠度函数，用概率的方式来表示为

$$R(t) = P(T > t) \tag{3-1}$$

其中 T 为产品的寿命，即产品从开始工作到首次失效前的一段时间。由于产品发生失效是随机的，所以寿命 T 是一个随机变量，可靠度 $R(t)$ 就是产品的寿命（或失效时间）至少比规定的时间 t 长的概率。若给定时间 t，又知道产品寿命的分布规律（概率分布），就可以算得 $R(t)$ 的数值。

可靠度函数在可靠性研究中，是一个很重要的特征量。通过这个特征量，可以估计出产品在时间 t 以前能正常工作的可能性有多大。产品在开始被使用时，都是好的，$R(0) = 1$；随着使用时间的增加，产品寿命 T 比规定时间 t 长的可能性减小。在 $(0, \infty)$ 区间内，$R(t)$ 是 t 的非增函数，如图3.2所示。$R(t)$ 的取值范围为 $0 \leqslant R(t) \leqslant 1$。

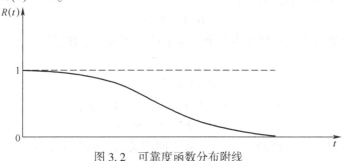

图 3.2　可靠度函数分布附线

2. 失效概率 $F(t)$

产品在规定的条件下和规定的时间内，不能完成规定功能的概率称为失效概率。它也是规定时间 t 的函数，记作 $F(t)$。失效概率又可称为不可靠度，或失效概率函数，用概率方式表示为

$$F(t) = P(T \le t) \tag{3-2}$$

失效概率 $F(t)$ 就是产品的寿命 T 不超过给定时间 t 的概率，即产品在时间 t 以前发生失效的概率。$F(t)$ 有时简称"失效分布"或"寿命分布"。

一般来说，确定产品的寿命分布是可靠性研究和处理可靠性问题的一项基础且重要的工作。只有弄清楚某种产品的寿命属于何种分布，才能采用相应的处理办法。弄清产品的寿命分布是一个较难的问题，要做大量的试验，来确定该产品的统计规律。

假如寿命 T 为连续随机变量，$F(t)$ 是随机变量 T 的分布函数，且 T 的取值总是非负实数，即 $t < 0$ 时，$F(t) = 0$，那么有

$$F(t) = \int_0^t f(t)\,\mathrm{d}t \tag{3-3}$$

其中函数 $f(t)$ 为失效概率密度函数，简称失效密度。产品未使用时，失效为零，即 $F(0) = 0$；产品使用时间无限长时，将全部失效，即 $F(\infty) = 1$。在 $t \ge 0$ 的区间内，$F(t)$ 是 t 的非减函数，如图 3.3 所示。$F(t)$ 的取值范围为 $0 \le F(t) \le 1$。

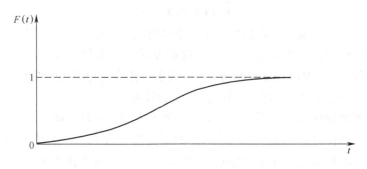

图 3.3　不可靠度函数的分布曲线

根据概率密度的性质，有

$$f(t) = F'(t)$$

由于可靠度和失效概率为两个对立事件，其概率之和恒等于 1。
即

$$R(t) + F(t) = 1 \tag{3-4}$$

或　　　　　　　　$$R(t) = 1 - F(t), \quad F(t) = 1 - R(t)$$

而　　　　　　　　$$f(t) = F'(t) - R'(t)$$

可以得出 $f(t)$、$F(t)$、$R(t)$ 三者之间的关系，如图 3.4 所示。

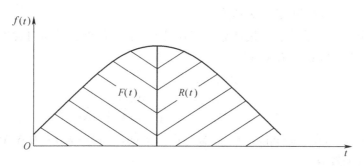

图 3.4　可靠度 $R(t)$ 与不可靠度 $F(t)$ 之间的关系

在可靠性工程中，为估计产品的失效概率和可靠度，可通过大量的试验来确定，即用事件出现的频率来估计概率。假设在 0 时刻有 N 个产品，在规定的条件下开始工作，到 t 时刻有 $n(t)$ 件产品失效，仍在继续工作的产品有 $N - n(t)$ 件，则频率表示为

$$\hat{F}(t) = \frac{n(t)}{N} \tag{3-5}$$

$$\hat{R}(t) = \frac{N - n(t)}{N} = 1 - F(t) \tag{3-6}$$

用式（3-5）、式（3-6）来估计时刻 t 的失效概率和可靠度。

3. 失效率 $\lambda(t)$

失效率（或故障率）的定义：产品工作到时刻 t 后，单位时间内发生失效的概率。失效率是时间 t 的函数，又称失效率函数，记为 $\lambda(t)$。

根据定义，失效率是一条件概率。即当产品已工作到时间 t 后，在 $(t, t + \Delta t)$ 内发生故障的概率，表示为

$$\begin{aligned} \lambda(t) &= \lim_{\Delta t \to 0} \frac{P\{t < T \leqslant t + \Delta t \mid T > t\}}{\Delta t} \\ &= \lim_{\Delta t \to 0} \frac{P\{t < T \leqslant t + \Delta t) \cap (T > t)\}}{P\{T > t\} \cdot \Delta t} \end{aligned} \tag{3-7}$$

由于事件 $\{t < T \leqslant t + \Delta t\}$ 若发生，则事件 $\{T > t\}$ 一定能发生。故事件 $\{t < T \leqslant t + \Delta t\}$ 包含在事件 $\{T > t\}$ 内，所以有：

$$\begin{aligned} \lambda(t) &= \lim_{\Delta t \to 0} \frac{P\{t < T \leqslant t + \Delta t) \cap (T > t)\}}{P\{T > t\} \cdot \Delta t} = \lim_{\Delta t \to 0} \frac{P\{t < T \leqslant t + \Delta t\}}{P\{T > t\} \cdot \Delta t} \\ &= \lim_{\Delta t \to 0} \frac{F(t + \Delta t) - F(t)}{R(t) \cdot \Delta t} = \lim_{\Delta t \to 0} \frac{F(t + \Delta t) - F(t)}{R(t) \cdot \Delta t} \cdot \frac{1}{R(t)} \\ &= \frac{F'(t)}{R(t)} = -\frac{R'(t)}{R(t)} \end{aligned}$$

$$\tag{3-8}$$

这些都是失效率的数学表达式。

在实际工程计算中，可用产品工作到时刻 t 后，每单位时间内发生的失效频率来估计在时刻 t 的失效率 $\lambda(t)$。

$$\hat{\lambda}(t) = \frac{\dfrac{\Delta n(t)}{N - n(t)}}{\Delta t} = \frac{\Delta n(t)}{[N - n(t)] \cdot \Delta t} \tag{3-9}$$

式中：$\Delta n(t)$ 为在时间间隔 $(t, t+\Delta t)$ 内失效的产品数；$n(t)$ 为 N 个产品工作到 t 时刻的失效数。

失效率是一种衡量产品在单位时间内失效次数的数量指标。单位时间常以 $1/h$ 或 $\%/(10^3 h)$ 为单位，有时也用 "菲特"。菲特（Fit）的定义为

$$1\text{Fit} = \frac{10^{-9}}{h}$$

产品的失效率越小，可靠性就越高。产品的失效率是产品可靠性的重要指标。

4. 失效率与可靠度、失效密度函数的关系

前面已经推导出失效率的数学表达式：

$$\lambda(t) = \frac{F'(t)}{R(t)}$$

进一步可推得

$$\lambda(t) = \frac{f(t)}{R(t)} \tag{3-10}$$

式（3-10）就是失效率、可靠度、失效密度函数三者间的关系。若已知其中之一，便可求得另外两个量。假如 $\lambda(t)$ 已知，便可以求得可靠度函数或失效概率函数。

由式
$$\lambda(t) = -\frac{R'(t)}{R(t)}$$

将该式从 0 到 t 进行积分，则得

$$\int_0^t \lambda(t)\,\mathrm{d}t = [\ln R(t)]_0^t$$

当 $t = 0$ 时，$R(t) = l$；当 $t = t$ 时为 $R(t)$，有

$$\ln R(t) = -\int_0^t \lambda(t)\,\mathrm{d}t$$

$$R(t) = \exp\left[-\int_0^t \lambda(t)\,\mathrm{d}t\right] \tag{3-11}$$

式（3-11）是可靠度函数的一般表达式。

由可靠度函数与失效概率函数的关系，又可得失效概率函数的一般表达式：

$$F(t) = 1 - R(t) = 1 - \exp\left[-\int_0^t \lambda(t)\,dt\right] \qquad (3-12)$$

同理可得

$$f(t) = F'(t) = \lambda(t)\exp\left[-\int_0^t \lambda(t)\,dt\right] \qquad (3-13)$$

以上这些表达式都是很重要的，它们都能从不同的侧面描述产品寿命取值的统计规律。它们既有联系，又有区别。

失效概率 $F(t)$ 与失效率 $\lambda(t)$ 是不同的，$F(t)$ 是累计失效函数。它表示在时刻 t，产品累计故障数占产品总数的比例。而 $\lambda(t)$ 是产品已工作到时刻 t 的条件下，失效概率的变化率，这一点可以从式（3-8）反映出来。

失效概率密度 $f(t)$ 与失效率 $\lambda(t)$ 也是不同的。$\lambda(t)$ 表示的是某时刻 t 以后，单位时间内产品失效数与 t 时刻残存产品数（仍在工作的产品数）之比，是该时刻后单位时间内产品失效的概率。而 $J(t)$ 表示在时刻 t 后，单位时间内产品的失效数与总产品数之比。可见，$f(t)$ 与 $\lambda(t)$ 都能反映产品失效的变化速度，但 $f(t)$ 不够灵敏。

5. 产品的失效规律和类型

人们在对产品进行大量试验和使用后，发现一般产品的失效率 $\lambda(t)$ 随时间的变化如图 3.5 所示。由于曲线形状有些像浴盆，所以又叫浴盆曲线，它反映了产品的失效规律。

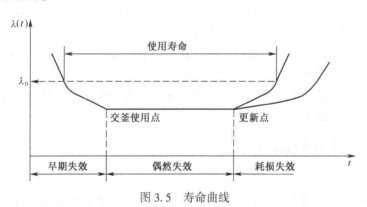

图 3.5　寿命曲线

失效率曲线（浴盆曲线）大致可划分为三个阶段。

（1）早期失效阶段。早期失效出现在产品开始工作的较早时期，其特点是失效率高，但随着产品工作时间的增加，失效率迅速降低。这一阶段产品失效的原因主要是由于设计和制造工艺的缺陷，以及原材料有缺陷、检验不严、装配调整不当等造成的。如果加强对原材料和工艺的检验，加强质量管理，就可以减少早期失效的产品。

产品从早期失效阶段到下一个失效阶段的交点所对应的时间称为交付使用

点。为了使产品达到交付使用点，一般来说，产品经过试车走合（磨合）阶段。如发动机发送到总装厂之前，要进行 20 min 的磨合，暴露不可靠产品、消除故障隐患，使出厂的发动机有较低的失效率。新装配的汽车要进行必要的调整和路试，也是为了消除早期故障。汽车真正达到交付使用点，是经过 1 000 km 轻载磨合后，才进入下一个失效阶段的。

（2）偶然失效阶段。在早期失效阶段之后，产品便进入偶然失效阶段。这一阶段的特点是失效率较低且稳定，可以看作常数。在这一阶段，产品的失效率是偶然的。其失效的原因是产品在使用过程中，由于应力条件突然变化，促使产品偶然失效。一般来说，产品在此阶段处于最佳状态时期，工作正常，故障少。这个阶段的长短程度，决定了产品的有效寿命。因此，要做好产品的维护工作，使这一阶段尽量延长。

当规定了产品失效率 λ_0 时，产品所处区域的失效率低于 λ_0 的工作时间，称为使用寿命。

（3）耗损失效阶段。耗损失效阶段的特点是失效率随着时间的延长而迅速上升。在这一阶段，大部分产品都开始失效。耗损失效主要是由于材料的老化、疲劳、机械过度磨损等因素引起失效率增高。

从偶然失效阶段到耗损阶段的交界点，称为更新点。如果事先预计到耗损开始的时间，并在这个时间稍前一点将耗损件提前更换，就可以降低失效率，延长可修复产品的使用寿命。当然，如果更换或修复的费用较高，且失效率并没有明显的降低，倒不如将该产品报废更为合适。

值得指出的是，不是所有产品都具有这三个失效阶段，质量低劣的产品在早期失效期后就有可能立即进入耗损失效期。

根据失效率的三个阶段，可将失效率函数分为三种类型：早期失效型、偶然失效型和耗损失效型。

■3.1.3 可靠性寿命指标

1. 平均寿命

寿命的定义：对于不可修复产品是指发生失效前的工作时间；对于可修复产品是指相邻两故障间的工作时间，又称无故障的工作时间。

平均寿命是产品平均能工作多长时间的量，是产品最重要的寿命特征之一。对于不可修复产品，指产品失效前工作时间的平均值，通常记为 MTTF（mean time to failure）；对于可修复产品，指无故障工作时间的平均值，记为 MTBF（mean time between failures）。

设产品寿命 T 的失效概率密度为 $f(t)$，那么它的数学期望就是产品的平均寿命 t_m。

$$t_{\mathrm{m}} = E(T) = \int_0^\infty tf(t)\,\mathrm{d}t$$

又
$$f(t) = -\frac{\mathrm{d}R(t)}{\mathrm{d}t}$$

则　$t_{\mathrm{m}} = \int_0^\infty tf(t)\,\mathrm{d}t = \int_0^\infty t\left[\frac{\mathrm{d}R(t)}{\mathrm{d}t}\right]\mathrm{d}t = -\left[tR(t)\right]\Big|_0^\infty + \int_0^\infty R(t)\,\mathrm{d}t = \int_0^\infty R(t)\,\mathrm{d}t$

当产品的失效分布已知时，对可靠度函数积分，就可以求得产品的平均寿命。当产品的失效分布未知时，一般是通过寿命试验，用获得的一些数据来估计产品的平均寿命，也就是用样本的算数平均值估计总体的数学期望。于是，有下列表达式。

对于不可修复的产品，平均寿命估计值为

$$\hat{t}_{\mathrm{m}} = \mathrm{MTTE} = \frac{1}{N_0}\sum_{i=1}^{N_0} t_i \tag{3-14}$$

式中：N_0 为被测试产品总数；t_i 为第 i 个产品失效前的工作时间。

对于可修复产品，平均寿命估计值为

$$\hat{t}_{\mathrm{m}} = \mathrm{MTBF} = \frac{1}{\displaystyle\sum_{i=1}^{N_0} t_i}\sum_{i=1}^{N_0}\sum_{j=1}^{N_i} X_{ij} \tag{3-15}$$

式中：N_0 为被测试产品总数；N_i 为第 i 个产品的故障数；t_{ij} 为第 i 个产品从 $j-1$ 次故障数到 j 次故障的工作时间。

这里还规定两种修复状态：

（1）基本修复：指产品刚修复后的失效率和修复前的失效率是相同的。

例如，某产品的失效率曲线如图 3.6 所示，在 t_1 时刻产品发生故障，这时对应失效率为 λ_1，修复后，产品的失效率仍为 λ_1。

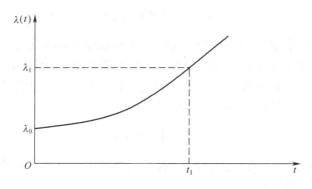

图 3.6　某产品的失效率曲线

（2）完全修复：指修复后的产品和崭新的产品没有任何区别。

仍以图 3.6 为例，在 t_1 时刻失效率 λ_1，此时发生故障，完全修复后，产品的失效率为 $t=0$ 所对应的失效率为 λ_0。

对于完全修复产品，修复后的状态和崭新的产品完全一样，所以一个产品如果发生了叫次故障，就相当于 N 个新产品工作到失效，此时有

$$\text{MTBF} = \text{MTTE} = \int_0^\infty R(t)\,\mathrm{d}t \qquad (3-16)$$

注意：用算数平均值去估计平均寿命，只适合于完全寿命试验的情况。所谓完全寿命试验，是指样本中的所有个体都发生故障为止，对于那些不等试验全部做完，而只是部分样品失效的所谓截尾寿命试验，就需要用另外的估计公式来估计平均寿命。

2. 可靠寿命 t_r、中位寿命 $t_{0.5}$ 和特征寿命 t_{e-1}

可靠寿命的定义：设产品的可靠度函数为 $R(t)$，使可靠度等于给定值 r 的时间 t，称为可靠寿命。其中 r 称为可靠水平。

由于 $R(t)=P(T>t)$，当给定可靠度 r 时，其对应的时间为 t_r，则满足 $R(t_r)=r$，解出 t_r，得 $t_r = R-1(r)$，$R-1(r)$ 为 $R(t_r)$ 的反函数，如图 3.7 所示。

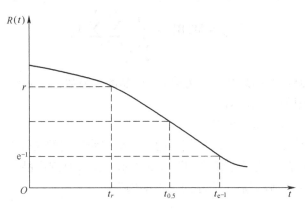

图 3.7　可靠寿命、中位寿命和特征寿命

通常预先给定 $R=0.9$、0.95、0.99，进而确定产品的 $t_{0.9}$、$t_{0.95}$ 或 $t_{0.99}$ 等。只要规定使用的时间小于 t，那么这个产品的可靠度就不会低于 r。

当 $r=0.5$ 时，相应的可靠寿命 $t_{0.5}$ 称为中位寿命。这意味着产品工作到中位寿命 $t_{0.5}$，约有一半的产品失效，此时有

$$\int_0^{0.5} R(t)\,\mathrm{d}t = \int_{0.5}^\infty R(t)\,\mathrm{d}t = 0.5$$

当 $r=e^{-1}$ 时，相应的可靠寿命 t_{e-1} 称为特征寿命。产品工作到特征寿命 t_{e-1}，约有 63.2% 的产品失效。

对于可靠度有一定要求的产品，工作到可靠寿命 t，就要替换，否则就不能

保证其可靠度。

3.2　加速寿命试验

　　进行截尾试验可以缩短试验时间，但是所得到的数据一般只能用来比较可靠地估计在小累积失效概率范围的寿命分布规律，把这种分布规律外推到大累积失效概率范围，有可能出错，因为在长时间的可靠性试验中可能发生的失效特性（失效模式、寿命变化规律等）与在短时间试验中所表现出的有所不同。因此，有必要进行产品的全寿命试验（complete life testing），估计在产品全寿命中的可靠性分布规律。这类试验往往称为耐久性试验（endurance testing, durability testing）。但是，如果在正常应力水平上进行全寿命试验，则试验时间往往很长，而由于开发进度、成本等方面的限制通常不允许进行这么长时间的可靠性试验。这是个普遍存在的问题。为了解决这个问题，出现了各种加速寿命试验（accelerated life testing）方法。加速试验方法大致可以分成两大类，即压缩时间试验法和增大应力试验法。

■ 3.2.1　压缩时间试验法

　　许多产品的实际使用都不是连续的，如飞机发动机、汽车发动机、冰箱电动机和压缩机、洗衣机电动机和控制器等。对于这类产品，在正常应力水平下对它们进行连续的试验，就可以缩短需要的试验时间，即试验时间短于它们的日历设计寿命（日历年）。许多产品在实际使用中是反复经受开-关循环的，如汽车门的开-关、电视机的开-关、泵的开-关等，对于这些产品采用更高的循环频率进行试验往往也可以在比较短的时间内累积相当于日历设计寿命的循环次数。通过对产品进行连续试验或增大循环频率的方法来达到缩短寿命试验时间的试验方法称为压缩时间试验法（compressed-time testing）。在压缩时间试验法中所施加的应力水平与在实际使用中所预期遇到的相同。

　　在进行时间压缩试验时要注意是否会引起与实际使用不同的失效模式，如有一种仪器的门，其在正常使用时每天仅开-关几次，而在其压缩时间试验中可能每分钟就开关几次。如果把加载频率提高得过快，就有可能增大其应力水平，引起失效率的增大，甚至引起在正常使用中不出现的失效模式。例如，在压缩时间试验中，上述仪器门每秒钟就开关几次，门闩受到冲击和摩擦的频率比较高，由于冲击和摩擦产生的热来不及散出去，从而引起门闩过热。门闩过热会增大失锁率，而且还可能引起在正常使用中不会出现的失效模式。

　　飞机发动机、汽车发动机等在实际使用中是断续工作的，如果为了缩短试验时间而进行连续试验，直到发生失效为止，就不能包括它们在启动停机过程中所承受的应力循环，很可能不能揭示由这些应力循环引起的失效模式。为了探测这些失效模式，可能需要再进行一个单独的主要模拟启动、停机过程的循环试验。另外一种选择是结合连续试验进行，即进行一段时间的连续试验以后停机一段时间，停机时间要保证发动机的温度能够降低到环境温度；然后再启动发动机，进行连续试验，再停机。这样，整个试验就变成了一种循环试验。

在进行压缩时间试验中，希望向试件施加在正常使用中所碰到的应力。但是，任何产品在使用过程中都包含了许多随机变量，所受到的应力千差万别，很难在实验室内完全模拟复现。为了在实验室中能够逼真地模拟复现汽车构件在实际使用中所承受的载荷时间历程。已经研制了计算机控制的液压加载系统，如美国 MTS 公司的远程参数控制（remote parameter control）系统。为了考验温度、湿度、腐蚀、灰尘等对产品可靠性的影响，已经研制了计算机控制的环境试验箱。尽管如此，利用它们模拟什么样的应力历程才能真实代表实际使用情况仍然是一个富有挑战性的问题。合理进行的实验室试验，可以模拟引起产品可靠性问题的主要应力，快速得到重复性好的试验结果，及时发现在产品中存在的主要缺陷，快速进行可靠性估计。已经成为进行产品可靠性试验的主要手段。但是，尽管目前的实验室试验技术水平已经很高，还是还不能完全模拟复现实际使用环境，试件数量往往很有限，不可能发现所有可能的失效模式，所以还不能完全取代在实际使用环境中进行的试验。

在实际使用环境中进行试验的主要问题是试验条件很难控制，造成试验结果的重复性比较差，试验时间也比较长。在进行这类试验时，也可以实现压缩时间试验。例如，以出租汽车公司购买的一批轿车作为样本进行数据收集。由于出租汽车每年的行驶里程比私人轿车长得多，所以可以更快地收集数据，更快地发现实际的失效模式，更快地进行可靠性预测。但是，差别仍然存在，即出租汽车的使用条件毕竟与私人轿车的不完全一样，造成它们的可靠性数据有一定的差别。尽管如此，这些数据可能足以用于进行产品的设计确认。

■3.2.2　增大应力试验法

在增大应力试验（advanced-stress testing）中，在试件上施加的环境应力水平比在正常使用中所预期碰到的要大，通过这种方法来缩短试验时间。在电子工业中，通常在比正常使用更高的温度水平下对元件进行试验来加速随机失效的出现。在核工业中，通过使压力容器铜板接受极端水平的中子辐射来增大发生脆裂的概率。对于筛选试验，通过把更高水平的应力施加给产品，可以加速缺陷产品的早期失效，缩短时间，降低成本。

在进行增大应力试验时有一些共同的问题需要解决，即在增大了的应力水平下进行试验得到的产品寿命分布规律与在正常使用中的分布规律不同，如何确定它们之间的当量关系。在进行增大应力试验中不应该引起在正常使用中不出现的失效模式（非真实的失效模式）。

在增大应力试验中，失效应该比在正常使用中更短的时间发生，所以相同的累积失效概率应该出现得更早。设 $F_j(t)$ 是在增大应力试验中得到的累积失效概率，$F(t)$ 是在正常应力水平上的累积失效概率，则一般有如下关系：

$$F_j(t) > F(t) \tag{3-17}$$

特别是当加速寿命和正常寿命都服从同种类型的分布规律，并且分布的形状相同，只是时间尺度参数不同时，称为理想加速。用公式描述为

$$F_j(t) = F(a_f t) \tag{3-18}$$

其中，$a_f > 1$ 称为加速系数（acceleration factor）。而当出现分布的形状变化时，通常表明，由于进行加速试验（增大应力）而引进了新的失效机理，需要改进试验方法。

对数正态分布和威布尔分布特别适合于进行加速试验的数据处理。

1. 在对数正态分布情况下的加速系数

在对数正态分布中，寿命 t 的对数 $x = \ln(t)$ 的数学期望 μ（均值）就是时间尺度参数，它的取值只影响概率密度的时间位置，不影响概率密度的形状：寿命 t 的对数 $x = \ln(t)$ 的标准差决定了概率密度的形状。对数正态分布函数为

$$F(t) = \phi\left(\frac{\ln t - \mu}{\sigma}\right) \tag{3-19}$$

设在正常使用中产品寿命 t 服从对数正态分布，其分布函数由式（3-19）描述；在加速试验中实现了理想加速，则加速试验中的寿命分布函数 $F_j(t)$ 应该满足式（3-18），即

$$F_j(t) = F(a_f t) = \phi\left[\frac{\ln(a_f t) - \mu}{\sigma}\right] = \phi\left(\frac{\ln t - \mu + \ln a_f}{\sigma}\right) \tag{3-20}$$

设加速试验中的寿命分布函数为

$$F_j(t) = \phi\left(\frac{\ln t - \mu_j}{\sigma}\right) \tag{3-21}$$

对照式（3-20）和式（3-21），得

$$\mu_j = \mu - \ln a_f \tag{3-22}$$

所以，在服从对数正态分布的情况下，加速系数计算公式为

$$a_f = e^{\mu - \mu_j} \tag{3-23}$$

2. 在威布尔分布情况下的加速系数

威布尔分布函数 $F(t)$ 为

$$F(t) = 1 - e^{-\left(\frac{t}{T}\right)^b} \tag{3-24}$$

　　其中，t 为时间；b 为形状参数，决定分布的形状；T 为特征寿命，是时间尺度参数，不影响分布的形状。

　　设在正常使用中产品寿命 t 服从威布尔分布，其分布函数由式（3-24）描述；在加速试验中实现了理想加速，则加速试验中的寿命分布函数 $F_j(t)$ 应该满足式（3-18），即

$$F_j(t) = F(a_f t) = 1 - e^{-\left(\frac{a_f t}{T}\right)^b} = 1 - e^{-\left(\frac{t}{T/a_f}\right)^b} \tag{3-25}$$

设加速试验中的寿命分布函数为

$$F_j(t) = 1 - e^{-\left(\frac{t}{T_j}\right)^b} \tag{3-26}$$

对照式（3-25）和式（3-26），得

$$T_j = \frac{T}{a_f} \tag{3-27}$$

所以，在服从威布尔分布的情况下，加速系数计算公式为

$$a_f = \frac{T}{T_j} \tag{3-28}$$

3. 确定加速系数的一般步骤

利用上述方法确定加速系数的一般步骤如下。

（1）在正常应力水平下进行试验，利用概率纸对试验数据进行分析，求出分布的形状参数和时间尺度参数。

（2）进行加速试验，利用概率纸对加速试验数据进行分析，求出分布的形状参数和时间尺度参数。

（3）观察上述分布的形状参数是否有明显差别。如果没有明显差别，计算加速系数；如果有明显差别，需要改进加速试验方法，然后重复步骤（2）和（3）。

■3.2.3　加速模型

　　在增大应力试验中，如果仅允许增大很少量的应力水平才能保证有正确的失效模式、正确的形状参数，则难以得到可信的应力水平与可靠性参数之间的经验公式，从而使得不能利用前述外推法比较可信地估计加速系数。在这种情况下，有时可以应用一些加速模型（acceleration models）来代替经验公式外推法。

1. 阿伦尼斯（Arrhenius）方程

　　很多化学反应（如金属腐蚀、润滑剂分解、半导体材料的扩散等）的反应率都符合阿伦尼斯方程，即

$$\delta = B e^{-\frac{\Delta H}{kT_1}} \tag{3-29}$$

式中：δ 为反应率；B 为常数；ΔH 为激活能（activation energy）；k 为玻尔兹曼

数，$k = 1.38 \times 10^{-23}$（J/K）；T_t 为绝对温度，K。

在化学反应引起失效的系统中，反应率就是失效率 A，温度 T_t 的升高会引起失效率 λ 的升高，并且可以利用式（3-29）进行定量计算。由于在温度 T_t 一定时，系统的失效率 λ 是个常数（指数分布），系统的特征寿命 T 是失效率 λ 的倒数，即

$$T = \text{MTTF} = \frac{1}{\lambda} = \frac{1}{\delta} = \frac{1}{B} e^{\frac{\Delta H}{kT_t}} = A e^{\frac{\Delta H}{kT_t}} \tag{3-30}$$

其中，$A = l/B$ 是个常数。

在实际应用中，有时把式（3-30）推广至对数正态分布和威布尔分布。在威布尔分布的情况下，式（3-30）是特征寿命 T 的计算公式。在对数正态分布的情况下，设寿命 t 的对数 $x = \ln t$ 服从正态分布，分布的均值为 μ，定义参数 T_0，则

$$\mu = \ln T_0 \tag{3-31}$$

$$T_0 = e^u \tag{3-32}$$

利用式（3-30）计算 T_0，即

$$T_0 = A e^{\frac{\Delta H}{kT_t}} \tag{3-33}$$

在威布尔分布及对数正态分布的情况下，设在正常工作时温度特征寿命为 T_{t0}，在加速试验中温度为 T_{tj}，则加速系数 a_f 为

$$a_f = \frac{T_{t0}}{T_{tj}} = \frac{A e^{\frac{\Delta H}{kT_{t0}}}}{A e^{\frac{\Delta H}{kT_{tj}}}} = e^{\frac{\Delta T}{T_t}\left(\frac{1}{T_{t0}} - \frac{1}{T_{tj}}\right)} \tag{3-34}$$

在式（3-34）中，需要确定参量 ΔH。方法如下：分别在两个温度 T_{t1} 和 T_{t2} 下进行加速试验，得到两组试验数据；分别对这两组试验数据进行威布尔分析，得到相应的特征寿命 T_1 和 T_2；则

$$T_1 = A e^{\frac{\Delta H}{kT_{t1}}} \tag{3-35}$$

$$T_2 = A e^{\frac{\Delta H}{kT_{t2}}} \tag{3-36}$$

$$\frac{T_2}{T_1} = \frac{A e^{\frac{\Delta H}{kT_{t2}}}}{A e^{\frac{\Delta H}{kT_{t1}}}} = e^{\frac{\Delta H}{kT_{t2}}} e^{\frac{\Delta H}{kT_{t1}}} = e^{\frac{\Delta T}{k}\left(\frac{1}{T_{t2}} \frac{1}{kT_{t1}}\right)} \tag{3-37}$$

$$\frac{\Delta H}{k}\left(\frac{1}{T_{t2}} - \frac{1}{T_{t1}}\right) = \ln\left(\frac{T_2}{T_1}\right) \tag{3-38}$$

$$\Delta H = \frac{1}{\left(\dfrac{1}{T_{t2}} - \dfrac{1}{T_{t1}}\right)} = \ln\left(\frac{T_2}{T_1}\right) \tag{3-39}$$

在已知 ΔH 时，引用式（3-34）便可以计算加速系数 a_f

$$a_\mathrm{f} = \mathrm{e}^{\frac{\Delta h}{T_k}\left(\frac{1}{T_{t0}} - \frac{1}{T_{tj}}\right)} \tag{3-40}$$

或根据加速试验的特征寿命 T_j，计算正常工作的特征寿命 T_0

$$T_0 = A_\mathrm{f} T_j = \mathrm{e}^{\frac{\Delta H}{k}\left(\frac{1}{T_{t0}} - \frac{1}{T_{tj}}\right)} T_j \tag{3-41}$$

2. 逆幂率

在通过增大电压、载荷或压力进行加速试验时，可以应用逆幂率作为加速模型。逆幂率表示为

$$t = \frac{1}{KV^c} \tag{3-42}$$

其中：t 为时间（寿命）；K、C 为待定常数，C 与温度有关；V 为电压、载荷或压力，通过增大这个参量进行加速试验。

设分别在 V_1 和 V_2 下进行加速试验，得到两组数据。对这两组数据分别进行威布尔分析，得到对应的特征寿命 T_1 和 T_2，则

$$T_1 = \frac{1}{KV_1^c} \tag{3-43}$$

$$T_2 = \frac{1}{KV_2^c} \tag{3-44}$$

$$\frac{T_1}{T_2} = \frac{KV_2^c}{KV_1^c} = \left(\frac{V_2}{V_1}\right)^c \tag{3-45}$$

$$C = \frac{\ln T_1 - \ln T_2}{\ln V_1 - \ln V_2} \tag{3-46}$$

在已知 C 的情况下，可以利用式（3-43）或式（3-44）计算 K，即

$$K = \frac{1}{T_1 V_1^c} = \frac{1}{T_2 V_2^c} \tag{3-47}$$

设正常工作应力为 V_0，特征寿命为 T_0，加速应力为 V_j，对加速试验数据进行处理得到的特征寿命为 T_j，则

$$T_0 = \frac{1}{KV_0^c} \tag{3-48}$$

$$T_j = \frac{1}{KgV_j^c} \tag{3-49}$$

$$a_\mathrm{f} = \frac{T_0}{T_j} = \frac{KgV_j^c}{KgV_0^c} = \left(\frac{V_j}{V_0}\right)^c \tag{3-50}$$

$$T_0 = a_\mathrm{f} T_j = \left(\frac{V_j}{V_0}\right)^c T_j \tag{3-51}$$

如果同时增大温度和电压进行加速试验，对于电容器所采用的加速模型为

$$t = \frac{A}{V^c} e^{\frac{B}{T_t}}$$ (3-52)

其中：t 为时间（寿命）；A、B、C 为待定常数，由试验来确定：V 为电压；T_t 为绝对温度。可以参照基于式（3-42）的推导进行分析。

3.3　IGBT 模块应力寿命模型

随着材料结构、设备向大型化和高温、高速使用环境的方向发展以及随机因素增加，其疲劳损坏问题得到广泛关注[89]，因此，疲劳寿命预测在机械、材料、建筑等众多领域得到广泛应用[90-92]。在 IGBT 器件寿命预测模型方面，国外学者研究和提出了许多寿命预测模型[93-98]。为更好地说明不同模型的特征，可以把 IGBT 器件寿命预测模型分成两类：解析模型和物理模型。

1. 解析模型

解析模型认为功率器件的寿命 N_f 依赖于温度参数，如温度变化范围、持续时间、频率、平均值等。对于解析模型，存在的主要问题是很难精确地从温度-时间历程中提取温度循环次数的。通常采用统计计数法来提取温度幅值循环次数和均值循环次数，然后应用相关损伤累积理论计算离线功率器件的损伤度和寿命。学者 Mahera Musallam 对 IGBT 器件的失效和寿命预测进行大量深入的研究并提出可以应用雨流算法对运行中的功率器件进行实时寿命预测，以实现器件失效发生前发出预警[99-100]。典型的解析模型主要有 Coffin-Manson（CM）模型以及 Bayerer 模型等。

相关研究表明，Coffin-Manson（CM）模型主要适用于由热疲劳引起的材料疲劳老化、材料变形和材料出现裂缝等失效模式，其公式如下：

$$N_f = A \cdot f^{-\alpha} \cdot \Delta T^{-\beta} \cdot G(T_{max})$$ (3-53)

式中：N_f 为疲劳寿命；ΔT 为温度变化范围（结温差）；$G(T_{max})$ 为长期温度循环中最高温 T_{max} 时的 Arrhenius 形式，A，α，β 为常数。

$G(T_{max})$ 与材料和最高的结温差有关，其表达式如下：

$$G(T_{max}) = \exp(E/KT_{max})$$ (3-54)

式中：E 为激活能，与材料有关；K 为波尔兹曼常数，值为 $8.617 \times 10^{-5} eV/℃$。

而 Bayerer 模型显得更为复杂，如式（3-55）所示，该模型考虑了更多的功率循环试验参数，如温度波动范围、最大结温 T_{j-max}、模块键合线直径 D、直流端电流 I、阻断电压 V 等，文献［101］探讨了上述参数对器件寿命的影响。

$$N_f = k \cdot (\Delta T_j)^{-\beta_1} \cdot e^{\frac{\beta_2}{T_{j-max}}} \cdot t_{on}^{\beta_3} \cdot i^{\beta_4} \cdot V^{\beta_5} \cdot D^{\beta_6}$$ (3-55)

式中：N_f 为疲劳寿命；ΔT 为温度变化范围（结温差）；T_{j-max} 为最大结温；t_{on} 为器

件的开通时间；V 为阻断电压；D 为模块键合线直径；β_1、β_2、β_3、β_4、β_5、β_6 为常数。

2. 物理模型

物理模型完全基于功率模块内部疲劳老化和应力变形的物理机理，需要清楚地知道器件内部物理结构、材料物理性能、力学性能等，尤其是模型中参数值的获取过程更是复杂，并且器件内部应力和应变的直接测量需要特殊测量方法与设备，如红外显微镜等[102]。根据不同的力学参量，寿命预测模型可分为以下四类。

（1）基于塑性应变寿命模型。此种模型主要着重于与时间无关的塑性效应，描述了损坏循环次数与每一循环焊接材料塑性应变大小之间的经验关系。比较有代表性的有 Coffin-Manson 疲劳模型和 Soloman 疲劳模型[103-104]。

（2）基于蠕变应变寿命模型。此种模型考虑了与时间相关的蠕变效应。蠕变形变机理非常复杂，比较有代表性的有 Syed 模型和 Kencht-Fox 模型[103-105]，但因其忽略了塑性应变，故不能够预测所有产品的寿命。

（3）基于断裂参量的预测模型[103-105]。此种模型以断裂力学为基础，计算疲劳裂纹的扩展，累积其过程所造成的破坏效应。国外已经做了不少研究，此种模型已经在表征工程材料的弹塑性断裂和疲劳中得到了成功的应用。

（4）基于能量的预测模型。此种模型考虑了应力与应变的迟滞效应，常用有限元方法计算循环的应变能，也可用实验方法测量。文献［106］应用基于能量的方法对功率模块可靠性和寿命预测进行了研究，在器件运行过程中，其形变能量在不断积累，当形变能达到标准值 ΔW_{tot} 时，认为该器件失效。

综上所述，与物理模型相比，解析模型已广泛应用于 IGBT 模块寿命预测研究中，由第 2 章可知，IGBT 模块的主要失效模式是由于长时间的结温频繁波动导致其疲劳老化。对于温度应力来说，它引起 IGBT 的失效的过程是一个低周疲劳过程，其应力寿命模型可以用 Coffin-Manson（CM）模型来描述。

结合 IGBT 模块的主要失效模式，CM 模型可以较好地描述其疲劳寿命与结温水平的关系，故对 IGBT 模块进行加速寿命试验时，结温差是不可忽视的关键因素。

3.4 IGBT 模块寿命分布的分析

■3.4.1 可靠性常用分布函数

在可靠性研究中，要准确地给出寿命分布是不容易的，往往要通过统计推断得出可靠性的某些特征量。这些特征量大部分与具体的失效分布有密切的关系，可以根据失效机理和失效率函数形式导出其失效分布，所以研究失效分布函数具有重要的意义。

1. 二项分布

二项分布是离散型分布。二项分布必须满足的条件是：每次试验都是独立的，且每次试验只能出现两种结果或状态，要求母体很大。

若进行 n 次独立重复试验，设事件 A 表示成功，事件 B 表示失败，每次成功的概率为 p，有 K 次成功，每次失败的概率为 q，有 0 次失败，以 X 表示 n 次试验中事件 B 发生的次数，则 X 是一个随机变量，它所有可能取的值为 0，1，…，n，且有

$$P(X = \theta) = c_n^\theta p^{n-\theta} q^\theta (\theta = 0,\ 1,\ 2,\ \cdots,\ n) \tag{3-56}$$

这种分布称为随机变量 X 服从参数为 n，q 的二项分布。

由于 $p+q=1$，且式（3-56）正好是二项展开式的各项，所以有 $(p+q)$ n 等于 1。因此，$(p+q)^n$ 的展开式也必须等于 1，则

$$pn + np^{n-1} + \frac{n(n-1)}{2!}p^{n-2}q^2 + \frac{n(n-1)(n-2)}{3!}p^{n-3}q^3 + \cdots + q^n = 1$$

二项分布可以用来计算冗余系统的可靠度，还可用于计算一次性使用装置或系统的可靠度估计。为了保证系统能正常工作，往往采用几个相同的单元并行工作，即为冗余单元。如汽车上采用双管路制动系统便是冗余系统。计算冗余系统的可靠度，不仅依赖于各个单元的可靠度和冗余元件的数量，而且也依赖于系统成功所需元件的数量。如果要求系统中的全部元件 t 工作正常时系统才工作正常，这时系统成功的概率为二项展开式的第一项 p^n。如果不发生失效或只有一个失效，系统便是成功的，这时系统成功的概率为前两项之和。一般来说，若允许 0 个失效，则系统成功的概率为前项之和，即

$$P(X \leqslant \theta) = \sum_0^\theta c_n^\theta p^{n-\theta} q^\theta$$

其中

$$c_n^\theta = \frac{n!}{(n-\theta)!\ \theta!} \tag{3-57}$$

2. 泊松分布

在可靠性研究中，泊松分布也是一个重要的分布。随机变量 X 服从参数为 n，q 的二项分布，则当 $n \to \infty$ 时，X 近似地服从泊松分布，此时 q 很小，$nq = \mu > 0$ 是常数，其近似等式为

$$c_n^\theta p^{n-\theta} q^\theta \approx \frac{u^\theta}{\theta!} e^{-u}$$

当随机变量 X 所有可能取值为一切非负整数 0，1，…，而取各个值的概

率为

$$P(X = \theta) = \frac{u^{\theta}}{\theta!} e^{-u} \quad (\theta = 0, 1, 2, \cdots) \tag{3-58}$$

则称 X 服从参数为 μ 的泊松分布。根据概率定义的条件之一，有

$$\sum_{\theta=0}^{\infty} P(X = \theta) = \sum_{\theta=0}^{\infty} \frac{u^{\theta}}{\theta!} e^{-u} = 1 \tag{3-59}$$

相应地，随机变量 $X \leqslant \theta$ 的概率为

$$P(X \leqslant \theta) = \sum_{\theta=0}^{\theta} \frac{u^{\theta}}{\theta!} e^{-u} \tag{3-60}$$

泊松分布 $P(X \leqslant \theta) = P(\theta)$ 的计算可查泊松分布表。

在可靠性中，当元件或系统的失效率为常数时，若用 λt 代替 μ，这里 λ 为失效率，t 为时间。那么 λt 和前述的 np 一样，代表系统在 t 内的平均失效率。为了使系统失效率不变，必须使工作元件数不变。如有一个元件失效，则必须修复，使它恢复到原来的状态，或者用相同的元件替换。这种工作方法称为后备冗余法，相应的系统称为后备冗余系统。

泊松分布可用来计算后备冗余系统的可靠度。将式（3-59）中的 μ 改为 λt，则有

$$e^{-\lambda t} + \lambda t e^{-\lambda t} + \frac{(\lambda t)2}{2!} e^{-\lambda t} + \cdots = 1 \tag{3-61}$$

式（3-61）中，第一项代表没有元件失效的概率，第二项代表一个元件失效的概率，以此类推，展开式中项数是无限的。不过，一个系统中可以修复或替换的元件数量是有限的。所以，用展开式中的有限项数就可以确定系统成功的概率。

3. 指数分布

在可靠性理论中，指数分布是最基本、最常用的分布。

当产品的失效率 $\lambda(t)$ 为常数，即

$$\lambda(t) = \lambda \qquad (t > 0)$$

则其失效密度函数

$$f(t) = \lambda(t) \exp \left[-\int_0^t \lambda(t) \mathrm{d}t \right] = \lambda e^{-\lambda t} \quad (t > 0) \tag{3-62}$$

相应的失效分布函数和可靠度函数为

$$F(t) = 1 - e^{-\lambda t}$$
$$R(t) = e^{-\lambda t}$$

由以上表达式可知，当 $\lambda(t) = \lambda$ 常数时，产品的寿命分布是指数分布（或负指数分布）。

许多元件特别是电子元件，在工作时间内，可能由于偶然的原因而失效，这

段时间里，没有一种元件或机构对失效起主导作用。产品失效率曲线的偶然失效阶段的失效率为常数，因而是服从指数分布的。

指数分布是单参数分布，即失效率一旦确定，可靠度函数 $R(t)$ 便完全确定了。只是可靠度曲线随 λ 值的不同，其下降速度也有所不同，λ 值大，可靠度曲线下降急剧；反之，下降缓慢，如图 3.8 所示。

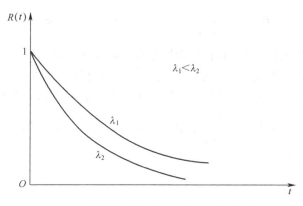

图 3.8　服从指数分布的可靠度函数曲线

指数分布数字特征如下。

均值（平均寿命）

$$t_{\mathrm{m}} = E(T) = \int_0^\infty t f(t)\,\mathrm{d}t = \lambda \int_0^\infty t e^{-\lambda t}\,\mathrm{d}t = \frac{1}{\lambda}\Gamma(2) = \frac{1}{\lambda} \qquad (3\text{-}63)$$

寿命方差

$$\sigma^2 = D(t) = E(T^2) - E^2(T) = \frac{\Gamma(3)}{\lambda^2} - \frac{1}{\lambda^2} = \frac{1}{\lambda^2} \qquad (3\text{-}64)$$

可靠寿命

$$t_{\mathrm{R}} = \frac{1}{\lambda}\ln\frac{1}{R} \qquad (3\text{-}65)$$

中位寿命

$$t_{0.5} = \frac{1}{\lambda}\ln 2 \qquad (3\text{-}66)$$

特征寿命

$$t_{e^{-1}} = \frac{1}{\lambda} \qquad (3\text{-}67)$$

从上述式子中可以看出，指数分布的平均寿命与失效率互为倒数，指数分布的特征寿命就是其平均寿命。

指数分布的一个重要性质是"无记忆性"。就是说，如果产品的失效率为 λ，在某一间隔时间内的可靠度为 $e^{-\lambda t}$，若在本工作段结束时仍可工作，则在下一个间隔相同的时间段内可靠度仍为 $e^{-\lambda t}$，可靠度与工作过的时间长短无关，好像一个新产品开始工作一样。有人说，指数分布是"永远年青"的，就是这个道理。

4. 正态分布

正态分布（或高斯分布）是数理统计理论中一个最基本的概率分布。正态分布的密度函数为

$$f(t) = \frac{1}{\sqrt{2\pi}\,\sigma} e^{-\frac{(t-u)^2}{2\sigma^2}} \quad (-\infty < t < +\infty) \tag{3-68}$$

式中：μ 为均值，是位置参数；Σ 为均方差，是尺度参数。

设随机变数 T 服从正态分布 $N(\mu, \sigma^2)$，它有如下性质。

（1）正态分布的密度函数 (t) 是一条关于 $t=\mu$ 对 $f(t)$ 称的钟形曲线。在 $t=\mu$ 处 $f(t)$ 取得极大值 $\frac{1}{\sqrt{2\pi}\,\sigma}$；在 $t=\pm\infty$ 时，有 $J(t) \to 0$，t 轴是 $f(t)$ 的渐近线，如图 3.9 所示。

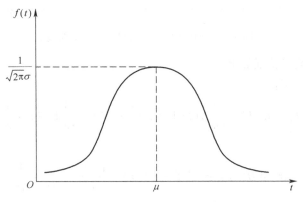

图 3.9　正态分布密度函数曲线

（2）正态分布是二参数分布，即 $f(t)$ 取决于数学期望 μ 和方差 σ^2。当 μ 和 σ 取不同值时，$f(t)$ 曲线是不一样的。μ 决定了分布的中心位置，σ^2 表示了分布的离散程度。

（3）当 $\mu=0$，$\sigma=1$ 时的正态分布 $N(0, 1)$ 称为标准正态分布，其密度函数为

$$\varphi(t) = \frac{1}{\sqrt{2\pi}\,\sigma} \exp\left(-\frac{t^2}{2}\right) \quad (-\infty < t < +\infty) \tag{3-69}$$

分布函数为

$$\Phi(t) = \int_{-\infty}^{t} \varphi(t)\,\mathrm{d}t = P(T \leq t) \tag{3-70}$$

对于一般的正态分布，可以通过变换 $z = \dfrac{t-u}{\sigma}$ 化为标准正态分布：

$$\varphi(z) = \frac{1}{\sqrt{2\pi}}\exp\left(-\frac{z^2}{2}\right) \quad (-\infty < z < +\infty) \qquad (3-71)$$

$$\Phi(z) = \int_{-\infty}^{z} \varphi(z)\mathrm{d}z \quad (-\infty < z < +\infty) \qquad (3-72)$$

标准正态分布函数可查标准正态分布表。

若产品失效服从正态分布，其失效密度函数为

$$f(t) = \frac{1}{\sqrt{2\pi}\sigma}\exp\left[-\frac{(t-u)^2}{2\sigma^2}\right] \quad (-\infty < t < +\infty) \qquad (3-73)$$

失效分布函数为

$$F(t) = \int_{-\infty}^{t} \frac{1}{\sqrt{2\pi}\sigma}\exp\left[-\frac{(t-u)^2}{2\sigma^2}\right]\mathrm{d}t \quad (-\infty < t < +\infty) \qquad (3-74)$$

可靠度函数为

$$R(t) = 1 - F(t) = \int_{-\infty}^{t} \frac{1}{\sqrt{2\pi}\sigma}\exp\left[-\frac{(t-u)^2}{2\sigma^2}\right]\mathrm{d}t \quad (-\infty < t < +\infty)$$

$$(3-75)$$

失效率函数为

$$\lambda(t) = \frac{f(t)}{R(t)} = \frac{\dfrac{1}{\sqrt{2\pi}\sigma}\exp\left[-\dfrac{(t-u)^2}{2\sigma^2}\right]}{\displaystyle\int_{t}^{-\infty} \dfrac{1}{\sqrt{2\pi}\sigma}\exp\left[-\dfrac{(t-u)^2}{2\sigma^2}\right]\mathrm{d}t} \quad (-\infty < t < +\infty)$$

$$(3-76)$$

5. 对数正态分布

若 t 是一个随机变量，$x=\ln t$ 服从正态分布，则称 t 是一个服从对数正态分布的随机变量。其中，$t=e^x$，$x=\ln t$，即 $x \sim N(\mu, \sigma^2)$，则 $t \sim \ln(\mu, \sigma^2)$。

对数正态分布的密度函数为

$$f(t) = \frac{1}{\dfrac{1}{\sqrt{2\pi}\sigma t}\exp\left[-\dfrac{1}{2\sigma^2}(\ln t - \mu)^2\right]} \quad (t > 0, \sigma > 0, -\infty < \mu < +\infty)$$

$$(3-77)$$

累计分布函数为

$$F(t) = \int_{0}^{t} \frac{1}{\sqrt{2\pi}\sigma t}\exp\left[-\frac{1}{2\sigma^2}(\ln t - \mu)^2\right]\mathrm{d}t \quad (t > 0, \sigma > 0, -\infty < \mu < +\infty)$$

$$(3-78)$$

如果 t 服从对数正态分布，则可靠度函数为

$$R(t) = \frac{1}{\sqrt{2\pi}\,\sigma t}\int_0^t \frac{1}{t}\exp\left[-\frac{1}{2\sigma^2}(\ln t-\mu)^2\right]dt \tag{3-79}$$

对数正态分布的失效率函数为

$$\lambda(t) = \frac{\dfrac{1}{\sqrt{2\pi}\,\sigma t}\exp\left[-\dfrac{1}{2\sigma^2}(\ln t-\mu)^2\right]}{\displaystyle\int_t^\infty \frac{1}{x}\exp\left[-\frac{1}{2\sigma^2}(\ln x-\mu)^2\right]dx} \tag{3-80}$$

对数正态分布的两个参数 μ 和 σ，分别称为对数均值和对数标准离差。图 3.10 表示了对数均值 $\mu=1$，对数标准离差 σ 取不同值时的失效率函数曲线。

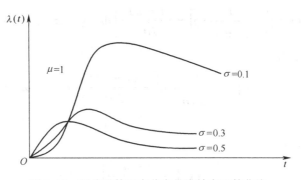

图 3.10　服从对数正态分布的失效率函数曲线

从图 3.10 可见，失效率曲线在开始阶段一般是随 t 增大而上升的，达到最高峰后又开始下降，当 $t\to\infty$ 时，$\lambda(t)\to 0$。

计算可靠度和失效率均可利用标准正态分布表。如可靠度和失效率分别表示为

$$R(t) = 1 - \Phi\left(\frac{\ln t-\mu}{\sigma}\right) \tag{3-81}$$

$$\lambda(t) = \frac{\dfrac{1}{t\sigma}\varphi\left(\dfrac{\ln t-\mu}{\sigma}\right)}{\left[1-\Phi\left(\dfrac{\ln t-\mu}{\sigma}\right)\right]} \tag{3-82}$$

对数正态分布随机变量 z 前均值 $E(T)$ 和方差 $D(T)$，不同于随机变量 z 在正态分布曲线中的均值 μ 和均方差 σ，它们之间的关系表示为

$$E(T) = \exp\left(\mu + \frac{\sigma^2}{2}\right) \tag{3-83}$$

$$D(T) = |\exp[2\mu + \sigma^2]|\cdot|\exp(\sigma^2) - 1| \tag{3-84}$$

6. 威布尔分布

威布尔分布是以瑞典物理学家威布尔（Weibull）的名字命名的。这是他在

1939 年分析材料强度时在实际经验的基础上推导出来的，后来在理论上加以证明了的分布类型。威布尔分布含有两个或三个参数，要比指数分布适应能力强，也就是说对各种类型的试验数据拟合的能力强。威布尔分布是可靠性中广泛使用的连续型分布。

1）威布尔分布函数

威布尔分布是从链条的强度模型推导出来的，其推导过程略去，直接得出有关的表达式。

威布尔分布密度函数为

$$f(t) = \frac{m}{\eta} \cdot \left(\frac{t-\gamma}{\eta}\right)^{m-1} \cdot e^{-\left(\frac{t-\gamma}{\eta}\right)^{m}} \quad (t \geqslant \gamma,\ m,\ \eta > 0) \tag{3-85}$$

威布尔分布的分布函数为

$$F(t) = 1 - e^{-\left(\frac{t-\gamma}{\eta}\right)^{m}} \quad (t \geqslant \gamma,\ m,\ \eta > 0) \tag{3-86}$$

式中：m 为形状参数；γ 为位置函数；η 为真尺度参数，若令 $\eta^m = t_0$，则 t_0 称为尺度参数。

服从威布尔分布的可靠度函数为

$$R(t) = 1 - F(t) = e^{-\left(\frac{t-\gamma}{\eta}\right)^{m}} \tag{3-87}$$

失效率函数为

$$\lambda(t) = \frac{f(t)}{R(t)} = \frac{m}{\eta} \cdot \left(\frac{t-\gamma}{\eta}\right)^{m-1} \tag{3-88}$$

2）威布尔分布的参数

（1）形状参数 m。形状参数 m 的数值不同，将直接影响分布密度函数 $f(t)$ 的形状，故称为形状参数。

在分布形式上，威布尔分布具有较好的兼容性。当 $m=1$ 时，三参数的威布尔分布密度函数即成为两参数的指数分布密度函数，因此指数分布是威布尔分布的特殊情形。当 $m=2$ 时的威布尔分布即为瑞利分布，当 $m=3.57$ 时的威布尔分布近似于正态分布。

（2）位置参数 γ。在相同的 m，t 数值下，不同的值将使曲线的起始位置不同。因而，称 γ 为起始参数或位置参数。

当 $\gamma=0$ 时，式（3-85）可以写成：

$$y = f(t) = \frac{m}{\eta} \cdot \left(\frac{t-\gamma}{\eta}\right)^{m-1} \cdot e^{-\left(\frac{t-\gamma}{\eta}\right)^{m}} \quad (t \geqslant 0) \tag{3-89}$$

当 $\gamma \neq 0$ 时，令 $t' = t - \gamma$，$y = y'$，则式（3-89）可以写成：

$$y' = f'(t) = \frac{m}{\eta} \cdot \left(\frac{t'}{\eta}\right)^{m-1} \cdot e^{-\left(\frac{t'}{\eta}\right)^{m}} \quad (t' \geqslant 0) \tag{3-90}$$

比较式（3-89）和式（3-90），其形式相同，所不同的仅是横坐标有变化，即横坐标做了平移，但并不影响威布尔分布曲线的形状。

位置参数的意义在于：当 $\gamma = 0$ 时，说明产品一投入试验就有产品失效；当 $\gamma > 0$ 时，说明产品在 $t < \gamma$ 时间内不发生失效；当 $\gamma < 0$ 时，说明产品工作前就有失效产品。所以，也称 γ 为最小保证寿命，就是保证在 γ 时间以前不会失效。图 3.11 表示 $t_0 = 1$，$m = 2$，γ 取不同值时的威布尔分布概率密度函数曲线。

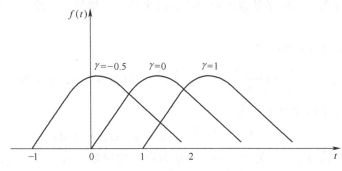

图 3.11　γ 取不同值时 $f(t)$ 曲线的平移

（3）尺度参数 t_0。由于位置参数 γ 只影响威布尔曲线的起始位置，在讨论尺度参数 t_0 时，为讨论问题方便起见，设 $\gamma = 0$，式（3-89）可以写成如下形式：

$$y = f(t) = \frac{m}{\eta} \cdot \left(\frac{t}{\eta}\right)^{m-1} \cdot e^{-\left(\frac{t}{\eta}\right)^m} \quad (t \geqslant 0) \tag{3-91}$$

设 $\eta = 1$，即 $t_0 = 1$，则式（3-91）变为

$$y = f(t) = mt^{m-1} e^{-tm} \quad (t \geqslant 0) \tag{3-92}$$

设 $\eta \neq 1$，令 $t' = \frac{t}{\eta}$，则式（3-91）变为

$$f(t) = \frac{m}{\eta} \cdot t'^{m-1} \cdot e^{-t'm} = \frac{1}{\eta} f(t') \quad (t \geqslant 0) \tag{3-93}$$

即

$$y' = f(t') = \eta f(t)$$

可见，经过纵坐标 $y' = \eta f(t)$ 的放大（缩小）和横坐标 $t' = \frac{t}{\eta}$ 的缩小（放大），式（3-92）和式（3-93）完全一样，即图形必定完全重合。所以，尺度参数只是坐标标尺不同所带来的图形差别，而对威布尔分布密度函数曲线的形状不起主要作用。当 $\gamma = 0$，$\eta \neq l$，m 相同时，只要把横坐标和纵坐标尺度适当改变，密度曲线就和 $\gamma = 0$，$\eta = 1$ 的曲线重合。图 3.12 所示为 $m = 2$，$\gamma = 0$，t_0 取不同值时的密度函数曲线。

3）威布尔分布的数值特征

（1）均值。

当 $\gamma = 0$ 时，有

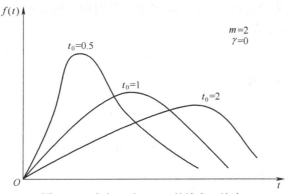

图 3.12　改变 t_0 时 $f(t)$ 的放大、缩小

$$E(t) = \mu = \int_0^\infty tf(t)\,\mathrm{d}t = \int_0^\infty t\,\frac{m}{n}\left(\frac{t}{\eta}\right)^{m-1} \mathrm{e}^{-\frac{t^m}{\eta^m}}\,\mathrm{d}t = \int_0^\infty m\left(\frac{t}{\eta}\right)^m \mathrm{e}^{-\left(\frac{t}{\eta}\right)^m}\,\mathrm{d}t$$

令
$$\left(\frac{t}{\eta}\right)^m = t'$$

则
$$\frac{m}{n}\left(\frac{t}{\eta}\right)^{m-1}\mathrm{d}t = \mathrm{d}t',\ \ t = \eta \cdot t'^{\frac{1}{m}}$$

所以

$$\mu = \int_0^\infty \eta \cdot t'^{\frac{1}{m}} \cdot \mathrm{e}^{-t'}\,\mathrm{d}t' = \eta \cdot \Gamma\left(\frac{1}{m} + 1\right) \tag{3-94}$$

$$\text{当 } \gamma \neq 0 \text{ 时,} \ \mu = \gamma + \eta \cdot \Gamma\left(\frac{1}{m} + 1\right)$$

式中应用了 Γ 函数：$\Gamma(a) = \int_0^\infty X^{\alpha-1}\mathrm{e}^{-x}\mathrm{d}X$。

（2）威布尔分布的方差为

$$E(T^2) = \int_0^\infty t^2 f(t)\,\mathrm{d}t = \int_0^\infty t^2\,\frac{m}{n}\left(\frac{t}{\eta}\right)^{m-1} \mathrm{e}^{-\frac{t^m}{\eta^m}}\mathrm{d}t \tag{3-95}$$

令
$$\left(\frac{t}{\eta}\right)^m = t'$$

则
$$\frac{n}{m}\left(\frac{t}{\eta}\right)^{m-1}\mathrm{d}t = \mathrm{d}t'$$

有
$$E(T^2) = \int_0^\infty \eta^2 \cdot t'^{\frac{2}{m}} \cdot \mathrm{e}^{-t'} = \eta^2 \cdot \Gamma\left(\frac{2}{m} + 1\right)$$

所以
$$D(T) = E(T^2) = \eta^2\left\{\Gamma\left(\frac{2}{m} + 1\right) - \left[\Gamma\left(\frac{1}{m} + 1\right)\right]^2\right\} \tag{3-96}$$

（3）威布尔分布的可靠寿命、中位寿命、特征寿命。

威布尔分布的平均寿命即为均值 μ。

可靠寿命 t_R 为给定可靠度 R 时的产品工作时间。由威布尔分布的可靠度函数 $R(t)$ 可以推得可靠寿命 t_R。

$$R(t) = e^{\frac{(t-\gamma)m}{t_0}}$$

将自变量 t 变为 t_R，有

$$R(t_R) = e^{\frac{(t_R-\gamma)m}{t_0}}$$

解得

$$t_R = \gamma + t_0^{\frac{1}{m}} \left(\ln \frac{1}{R} \right)^{\frac{1}{m}} \tag{3-97}$$

当 $R = 0.5$ 时，为中位寿命：

$$t_R = \gamma + t_0^{\frac{1}{m}} \left(\ln \frac{1}{0.5} \right)^{\frac{1}{m}} = \gamma + t_0^{\frac{1}{m}} (\ln 2)^{\frac{1}{m}} \tag{3-98}$$

当 $R = e^{-1}$ 时，为特征寿命 $t_{e^{-1}}$：

$$t_{e^{-1}} = \gamma + t_0^{\frac{1}{m}} (\ln e)^{\frac{1}{m}} = \gamma + t_0^{\frac{1}{m}} \tag{3-99}$$

▍3.4.2 传统的概率纸及其参数估计

概率纸是一种特殊刻度的坐标纸，它的横轴和纵轴上的特殊刻度是根据某一特定的概率分布函数制定的。对不同类型的分布有不同的概率纸，如正态概率纸、对数正态概率纸、威布尔概率纸、二项概率纸等。主要用来检验总体的分布类型并对分布的某些特征值作出估计。在作这些统计分析时，具有直观、简便等优点，其缺点是精度较低，速度较慢，并且所得结果往往因分析者不同而异。本书以威布尔概率纸为例来说明其原理以及其用法。

威布尔概率纸可以判断产品的失效分布，还能在知道产品失效符合威布尔分布后，用于估计其分布参数。

1. 威布尔概率纸构成原理

由式（3-86），设 $\gamma = 0$ 时，威布尔分布的分布函数为

$$F(t) = 1 - e^{\frac{t^m}{t_0}}$$

移项后

$$1 - F(t) = e^{-\frac{t^m}{t_0}}$$

两边取自然对数，得

$$\ln[1 - F(t)] = -\frac{t^m}{t_0}$$

变换形式

$$\ln \frac{1}{1 - F(t)} = \frac{t^m}{t_0}$$

两边再取自然对数

$$\ln\ln \frac{1}{1 - F(t)} = m\ln t - \ln t_0 \tag{3-100}$$

令

$$y = \ln\ln \frac{1}{1 - F(t)}, \quad x = \ln t, \quad B = \ln t_0$$

则式（3-100）可写成线性函数：

$$y = mx - B \qquad\qquad (3-101)$$

在 x-y 坐标系中，$y = mx - B$ 是一条斜率为 m，截距为 B 的直线。在上述变换中，存在着下列关系：

$$x = \ln t \qquad\qquad (3-102)$$

$$t = e^x$$

$$y = \ln \ln \frac{1}{1 - F(t)} \qquad\qquad (3-103)$$

$$F(t) = 1 - e^{-e^y}$$

现在来制作一种特殊的坐标纸，先取 r-y 坐标系，这是普通的直角坐标系，是等刻度的。

由式（3 - 102）和式（3-103），在 x 轴上把和 x 对应的 t 写在 x 的旁边；在 y 轴上把和 y 对应的 $F(t)$ 写在 y 的旁边（图 3.13）。这样就构成了两对坐标系：x-y 坐标系和 t-$F(t)$ 坐标系。

为了便于使用，将四把刻度尺分别平移至上、下、左、右四边。上边的刻度尺称为 x 尺，下边的刻度尺为 t 尺，左边的刻度尺为 $F(t)$ 尺，右边的刻度尺为 y 尺，它们之间的关系满足式（3-102）和式（3-103），这是

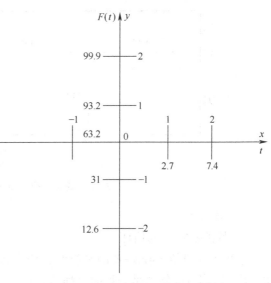

图 3.13　x-y 坐标与 t-$F(t)$ 坐标

一张特殊的坐标纸，称为威布尔概率纸，如图 3.14 所示。

在威布尔概率纸上有一点，它是 $x = 1$，$y = 0$ 的点，称为 m 的估计点，简称 M 点，如图 3.15 所示。

以数据 t_i、$F(t_i)$ 在概率纸上描点，如果产品寿命服从威布尔分布并且有 $\gamma = 0$，那么这些点就会大致排列在一条直线的附近，因而可根据这些数据点形成一条回归直线。

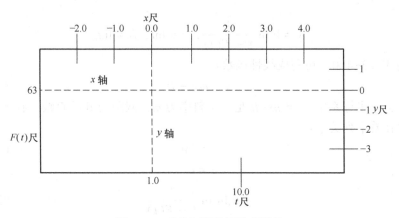

图 3.14 威布尔概率纸形成原理

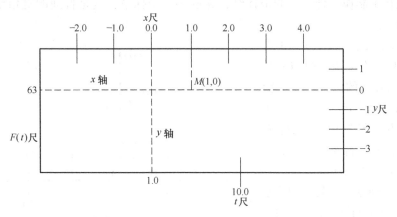

图 3.15 威布尔概率纸 m 估计点

2. 参数估计

1) 形状参数 m 的估计

过 M 点作直线 $y = mx - B$ 的平行线，该平行线满足两个条件：其一，平行线的斜率与回归直线斜率是一致的，都是 m；其二，所作平行线应满足 $x = l$，$y = 0$。由此，所作平行线的方程可表示为

$$y = m(x - 1) \tag{3-104}$$

由式（3-104）知：当 $x = 0$ 时，$y = -m$，因此平行线与 y 轴交点读数的绝对值就是形状参数 m 的估计值 $\hat{m}$。

具体做法是：过 M（1，0）点作回归直线的平行线与 y 轴相交，过交点右引水平线与 y 尺相交，交点刻度的绝对值就是形状参数 m 的估计值 $\hat{m}$，如图 3.16 所示。

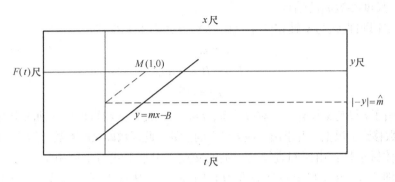

图 3.16　形状参数 m 的估计

2) 直尺度参数 η 的估计

假定回归直线 $y = mx - B$ 和 x 轴的交点为（a，0）点，代入回归直线方程，有

$$0 = ma - B$$

从而得

$$ma = B$$

又因

$$B = \ln t_0$$

所以

$$t_0 = \mathrm{e}^B = \mathrm{e}^{ma}$$

因为

$$\eta = t_0^{\frac{1}{m}}$$

所以

$$\eta = \mathrm{e}^{\frac{ma}{m}} = \mathrm{e}^a$$

注意到 t 尺与 x 尺有一一对应关系，所以与 x 轴 a 点相对应的 t 轴上的刻度就是直尺度参数 η 的估计值。

具体做法是：从回归直线和 z 轴的交点处下引垂线和 t 轴相交，垂足的刻度就是直尺度参数 η 的估计值 $\hat{\eta}$ 。如图 3.17 所示。

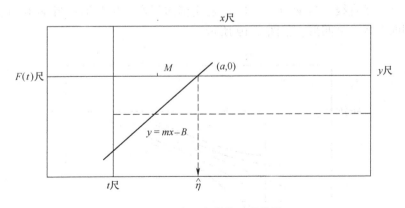

图 3.17　直尺度参数 η 的估计

3）尺度参数 t_0 的估计

假定回归直线与 y 轴相交于 $(0, b)$ 点，则由方程式

$$y = mx - B$$

有 $$b = -B = -\ln t_0$$

所以 $$t_0 = e^{|b|}$$

又由于 t 尺与 x 尺有一一对应关系，$t=e^x$。因此将回归直线与 y 轴的交点在 y 尺上的读数移到 x 尺上，并求出对应 t 尺上的读数，此读数即尺度参数 t_0 的估计值。

具体做法是：由回归直线与 y 轴的交点右引水平线与 y 尺相交，与 y 尺交点的刻度即为 b，在 x 尺上找到刻度为 $|b|$ 的点，从这点下引垂线，和 t 轴相交，垂足的刻度即为尺度参数的估计值 $\hat{t}_0$，如图 3.18 所示。

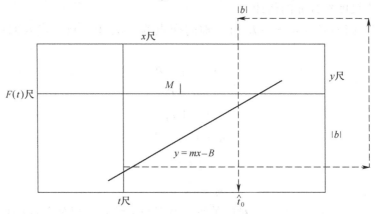

图 3.18　尺度参数 t_0 的估计

4）位置参数 γ 的估计

威布尔概率纸是在 $\gamma=0$ 的情况下构造出来的。当试验数据符合 $\gamma=0$ 的威布尔分布时，由试验数据所作的回归线应近似为一条直线。但当 $\gamma\neq0$ 时，则回归线并不是一条直线。当 $\gamma>0$ 时，所作之线稍向下弯，呈凸形；当 $\gamma<0$ 时，所作之线则向上弯，呈凹形，如图 3.19 所示。

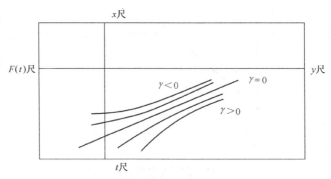

图 3.19　位置参数 γ 的估计

由威布尔分布函数 $F(t) = 1 - e^{-\frac{(t-\gamma)m}{t_0}}$ 可知，当 t 轴进行位移后，即令 $t' = t - \gamma$，可得一个新的威布尔分布函数：

$$F_1(t') = 1 - e^{-\frac{(t')m}{t_0}} = 1 - e^{-\frac{(t-\gamma)m}{t_0}} = F(t)$$

这就是说，$\gamma \neq 0$ 时威布尔分布函数 $F(t)$ 可以经过位移转换为 $\gamma = 0$ 的威布尔分布 $F_1(t')$，使其分布的回归线由曲线变换成一条直线，如图 3.20 所示。这种做法叫直线化。

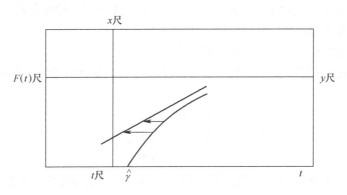

图 3.20　$\gamma \neq 0$ 时威布尔分布函数的直线化

具体做法：当 $\gamma > 0$ 时，沿所构成的回归曲线顺势延长至与 t 轴相交，交点的刻度就是 γ 的初始估计值。因为当 $t = \gamma$ 时，有

$$F(t) = 1 - e^{-\frac{(t-\gamma)m}{t_0}} = 0$$

而威布尔概率纸的底边 $F(t) = 0.001$，所以用曲线和 t 尺的交点作为 γ 的初始估计值是可行的。有了 $\hat{\gamma}$ 值后，在所描的数据点中，按 $F(t)$ 的大小顺序适当地选 3~5 点，左移 γ，看移动后的各点是否大致在一条直线上，如果仍不在一条直线上，修改 $\hat{\gamma}$ 后再试，直到所得数据点呈现一条直线为止，这时 γ 的估计值就最后确定了。将所描的各点全部左移 γ，即 $t'_i = t_i - \hat{\gamma}$。由移动后所得到的直线，按前述方法估计 m 和 t_0 值。图 3.20 给出了 γ 的估计和数据点平移的情况。

3. t 尺的数据变换

在威布尔概率纸上，t 尺的刻度范围是 0.1~100，即 $t = 0.1 \sim 100$。为了扩大数轴的范围，可作变换，令 $t = t' \cdot 10^{\alpha}$，式中，t' 为试验数据的数值范围，α 为扩大倍数的幂指数。例如，t' 值范围为 1~1 000 时，则选 $\alpha = -1$，以此类推。

对 t 尺做了变换以后，威布尔分布的参数也要发生相应的变化，因为

$$F(t) = F(t' \cdot 10^{\alpha}) = 1 - e^{-\frac{(t' \cdot 10^{\alpha} - \gamma)m}{t_0}}$$

$$= 1 - e^{-\frac{(t' \cdot 10^{\alpha} - \gamma)m}{t_0}}$$

$$= 1 - e^{-\frac{(t' - \gamma')m'}{t'_0}}$$

$$= F^*(t')$$

式中

$$m = m' \tag{3-105}$$

$$10^{-\alpha}\gamma = \gamma' \tag{3-106}$$

$$10^{-m\alpha}t_0 = t'_0 \tag{3-107}$$

同时也有

$$\eta = t_0^{\frac{1}{m}} = (10^{m\alpha}t'_0)^{\frac{1}{m}} = 10^{\alpha}t'_0{}^{\frac{1}{m}} = 10^{\alpha} \cdot \eta' \tag{3-108}$$

由上述关系，当假定 t'、m'、γ'、t'_0、η' 为未变换 t 尺时的参数，则当 t 尺变换后，可得如下结论。

（1） t 轴扩大后，形状参数 m 值不变。

（2） t 轴扩大后，位置参数 γ、直尺度参数 η 的扩大倍数与 t 轴扩大倍数相同，即

$$\gamma = 10^{\alpha} \cdot \gamma' \tag{3-109}$$

（3） t 轴扩大后，尺度参数 t_0 应作如下变换：

$$t_0 = t'_0 \cdot 10^{m\alpha} \tag{3-110}$$

（4）寿命特征的估计。威布尔分布平均寿命和方差的计算公式为

当 $\gamma = 0$ 时

$$\mu = \eta\Gamma\left(1 + \frac{1}{m}\right)$$

$$\sigma^2 = \eta^2\left[\Gamma\left(1 + \frac{2}{m}\right) - \Gamma^2\left(1 + \frac{1}{m}\right)\right]$$

由此可以得到

$$\frac{\mu}{\eta} = \Gamma\left(1 + \frac{1}{m}\right) \tag{3-111}$$

$$\frac{\sigma}{\eta} = \left[\Gamma\left(1 + \frac{2}{m}\right) - \Gamma^2\left(1 + \frac{1}{m}\right)\right]^{\frac{1}{2}} \tag{3-112}$$

又由分布函数

$$F(t) = 1 - e^{-\left(\frac{t}{\eta}\right)^m}$$

当令 $t = \mu$ 和 $t = \sigma$ 时，分别有

$$F(\mu) = 1 - e^{-\left[\Gamma\left(1 + \frac{1}{m}\right)\right]^m} \tag{3-113}$$

$$F(\sigma) = 1 - e^{-\left[\Gamma\left(1 + \frac{2}{m}\right) - \Gamma^2\left(1 + \frac{1}{m}\right)\right]^{\frac{m}{2}}} \tag{3-114}$$

式（3-111）~式（3-114）中 $\frac{\sigma}{\eta}$，$\frac{\mu}{\eta}$，$F(\mu)$，$F(\sigma)$ 都是 m 的函数，因此

它们与 m 之间有一一对应关系。将这些关系用四把与 m 相对应的尺子，即 $\frac{\sigma}{\eta}$ 尺、

$\dfrac{\mu}{\eta}$ 尺、$F(\mu)$ 尺与 $F(\sigma)$ 尺列于威布尔概率纸的右边，就可用来对产品的寿命特征进行估计，用作图来求得所需要的值。

1）平均寿命 μ 的估计

（1）利用 $\dfrac{\mu}{\eta}$ 尺估计 μ：过回归直线 $y=mx-B$ 与 x 轴的交点，下引垂线与 t 轴相交，其垂足就是真尺度参数的估计值 η'，然后过概率纸上的 M 点作回归直线 $y=mx-B$ 的平行线与 y 轴相交，过交点右引水平线在 y 尺上读出 m 值。再延伸到 $\dfrac{\mu}{\eta}$ 尺上，读出 $\dfrac{\mu}{\eta}$ 的估计值。最后 $\hat{\mu}=\left(\dfrac{\mu}{\eta}\right)\times\eta'$ 计算得到平均寿命的估计值 $\hat{\mu}$。其过程如图 3.21 所示。

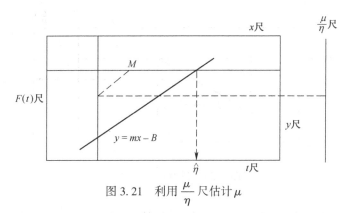

图 3.21　利用 $\dfrac{\mu}{\eta}$ 尺估计 μ

（2）利用 $F(\mu)$ 尺估计 μ：过 M 点作回归直线 $y=mx-B$ 的平行线与 y 轴相交，由交点右引水平线过与 y 尺相交的 m 估计点延伸到 $F(\mu)$ 尺上，然后在 $F(t)$ 尺上找到读数为 $F(\mu)$ 值的点，过此点右引水平线与回归直线 $y=mx-B$ 相交，由交点下引垂线与 t 轴相交，其垂足就是平均寿命的估计值 $\hat{\mu}$，如图 3.22 所示。

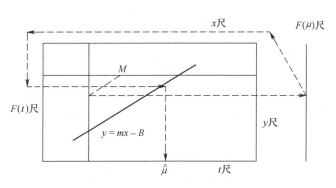

图 3.22　利用 $F(\mu)$ 尺估计 μ

2）均方差 σ 的估计

（1）利用 $\dfrac{\sigma}{\eta}$ 尺估计 σ：过 M 点作回归直线 $y=mx-B$ 的平行线与 y 轴相交，

过交点右引水平线，通过 y 尺上的 m 估计点后再延长到 $\dfrac{\sigma}{\eta}$ 尺上，得到 $\dfrac{\sigma}{\eta}$ 的估计值

$\dfrac{\hat{\sigma}}{\hat{\eta}}$。另外，由回归直线 $y=mx-B$ 与 x 轴的交点下引垂线与 t 尺的交点就是 η 的估

计值 $\hat{\eta}$。因此，用公式 $\hat{\sigma}=\hat{\eta}\cdot\left(\dfrac{\sigma}{\eta}\right)$ 计算得到均方差的估计值 $\hat{\sigma}$，其过程如图

3.23 所示。

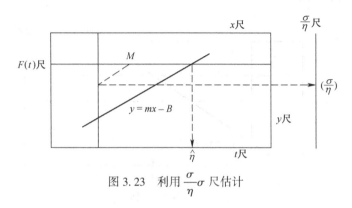

图 3.23　利用 $\dfrac{\sigma}{\eta}\sigma$ 尺估计

（2）利用 $F(\sigma)$ 尺估计 σ：过 M 点作回归直线 $y=mx-B$ 的平行线与 y 轴相交，过交点右引水平线与 y 尺相交，通过 m 的估计点再延伸到 $F(\sigma)$ 尺上，得到 $F(\sigma)$ 值，然后在 $F(t)$ 上读到读数为 $F(\sigma)$ 的点，过此点右引水平线与回归直线 $y=mx-B$ 相交，由交点下引垂线与 t 尺相交，其垂足就是估计值 $\hat{\sigma}$，其做法如图 3.24 所示。

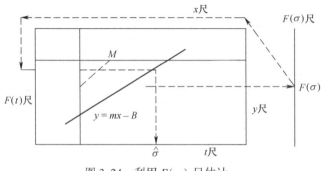

图 3.24　利用 $F(\sigma)$ 尺估计 σ

3）产品可靠性的估计

首先在 t 轴上找到时间为 t_1 的点，然后由 t_i 点上引垂线与回归直线 $y = mx - B$ 相交，过交点左引水平线与 $F(t)$ 轴交于 $F(t_1)$ 的点，再由 $R(t) = l - F(t)$ 计算求得对应时间为 t_i 时产品的可靠度，做法如图 3.25 所示。

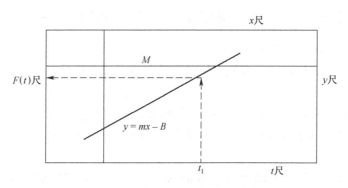

图 3.25　利用回归线估计可靠度值

4）可靠寿命 t_R 的估计

对于给定的可靠度 R^*，在 $F(t)$ 轴上找到其值为 $l - R^*$ 的点，由此点右引水平线与回归直线 $y = mx - B$ 相交，其垂足就是可靠寿命的估计值 t_R，如图 3.26 所示。

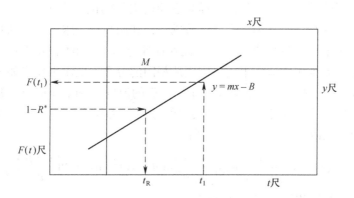

图 3.26　利用回归线估计可靠性寿命

4. 威布尔概率纸应用步骤

应用威布尔概率纸进行数据处理的主要步骤如下。

（1）将失效时间 t'（广义）从小到大顺序排列。

（2）作数据单位变换，即 $t_i = t'_i \times 10^a$，使 t_i 的最大值落入威布尔概率纸标尺范围内。

（3）计算累计失效频率 $F(t_i)\%$。

①当样本个数 $n \leqslant 20$ 时，用公式 $F(t_i) = \dfrac{i - 0.5}{n}$ 或 $F(t_i) = \dfrac{i}{n + 1}$，或 $F(t_i) = \dfrac{i - 0.3}{n + 0.4}$，计算 $F(t_i)\%$。

②当样本个数 $n \geqslant 21$ 时，用公式 $F(t_i) = \dfrac{i}{n}$，计算 $F(t_i)\%$。

（4）用 i、t'、t_i、$F(t_i)\%$ 列表。

（5）用 $[t_i, F(t_i)\%]$ 在威布尔概率纸上描点，并作最佳拟合直线，从概率纸上得到估计值 $\hat{\gamma}$。

（6）当 $\hat{\gamma} \neq 0$ 时，计算 $(t_i, -\hat{\gamma})$ 并列表，按 $[(t_i, -\hat{\gamma}), F(t_i)\%]$ 重新描点，若 $F(t_i)\%$ 在 50%~90% 段内，拟合线近似一条直线，则该产品失效分布服从威布尔分布。

（7）用图解求分布函数的参数值 m、t_0、γ、η 的估计值，并将数据单位还原。

（8）用图解或计算求分布函数的寿命特征参数 μ、σ、$t_{0.5}$ 和 R 的估计值。

3.4.3　基本假设

加速寿命试验是在保证失效机理不变的条件下，通过把样品放在超出正常应力水平下进行的试验，是一种促使样品短期内失效的试验方法[107]。其目的是缩短试验时间、提高试验效率、降低试验成本，利用高应力水平下寿命特征去外推正常应力水平下寿命特征[108-109]。因此在加速应力下 IGBT 模块寿命分布服从何种分布，那么外推正常应力下也一定服从相同的分布，故本书作出如下假设。

假设 1： 在正常应力（正常工作下所产生的温度）和加速应力（加速情况下所对应的温度应力）水平下，IGBT 模块的寿命服从对数正态分布，即 $X = \ln t \sim N(\mu_i, \sigma_i^2)$，则失效分布函数[110] 如下：

$$F(t) = \int_0^t \frac{1}{\sigma t \sqrt{2\pi}} \exp\left[-\frac{1}{2\sigma^2}(\ln t - \mu)^2\right] \mathrm{d}x = \Phi\left(\frac{x - \mu}{\sigma}\right) \tag{3-115}$$

式中：μ 为对数均值；σ^2 为对数方差。

假设 2： 在正常应力 S_0 和各加速应力 S_1，S_2，…，S_k 水平下，IGBT 模块的失效机理不发生改变，其关系如下：

$$\sigma_0 = \sigma_1 = \sigma_2 = \cdots = \sigma_k \tag{3-116}$$

式中：$\sigma_i(i = 0, 1, \cdots, k)$ 为对数标准差。

假设 3： IGBT 模块的均值 μ_i 和所加的应力水平 S_i 之间应满足如下加速方程：

$$\mu_i = a + b\phi(S_i)(i = 0, 1, \cdots, k) \tag{3-117}$$

式中：a、b 为未知的参数；$\phi(S_i)$ 为 S_i 的某已知参数。

假设 4：1980 年 Nelson 提出了著名的原理：样品的残留寿命仅与已累积的失效部分和当前的应力水平有关，而与其如何累积无关。即 IGBT 模块基于加速应力 S_i 和工作时间 t_i 下的累积失效概率 $F_i(t_i)$ 与其基于加速应力水平 S_j 和工作时间 t_j 下的累积失效概率 $F_j(t_j)$ 是一样的，即

$$F_i(t_i) = F_j(t_j) \tag{3-118}$$

3.4.4　寿命分布参数的计算方法

对于式（3-115），对数正态分布所对应的密度分布函数如下：

$$f(t) = \frac{1}{\sigma t \sqrt{2\pi}} \exp\left[-\frac{1}{2\sigma^2}(\ln t - \mu)^2 \right] \tag{3-119}$$

结合式（3-119），其似然函数如下：

$$L(t_i; \mu, \sigma) = \prod_{i=1}^{n} \frac{1}{\sqrt{2\pi}\,\sigma t_i} \exp\left[-\frac{1}{2\sigma^2}(\ln t_i - \mu)^2 \right] \tag{3-120}$$

式中：n 为样品总数（参与试验）；t_i 为失效时间。

对于式（3-120），先取以 10 为底的对数，然后对其求偏导，得似然方程，即

$$\begin{cases} \dfrac{\partial \ln L}{\partial \mu} = \dfrac{1}{\sigma^2} \sum_{i=1}^{n} (\ln t_i - \mu) = 0 \\[3mm] \dfrac{\partial \ln L}{\partial \sigma} = \dfrac{1}{\sigma^3} \sum_{i=1}^{n} (\ln t_i - \mu)^2 - \dfrac{n}{\sigma} = 0 \end{cases} \tag{3-121}$$

使用数值方法求解上述方程组，即可得到参数 μ，σ 的值。

3.5　对数正态分布检验

从 IGBT 模块的失效模式可知，导致其失效主要原因与 IGBT 封装有关。IGBT 模块所采用的叠层封装技术，虽然提高了模块密集度，但模块在长时间运行中所产生大量的热量无法快速有效地得到释放，导致模块内部将因温度上升过快而烧损，故本书选择 IGBT 模块做加速寿命试验时的加速应力为结温差。

根据文献［111］的研究可知：型号为 GD50HFL120C1S 的 IGBT 模块在保持其失效机理不变的情况下，导通电流不能超过 110 A，因此本书为了保证实验数据真实有效，从而选定了 80 A、90 A、100 A，进而获得了加速应力为 70 K、90 K、100 K 的三组试验数据，如表 3.1 所示。

表 3.1　IGBT 模块加速寿命试验数据

结温差/K	70	90	100
失效时间/h	19 500	7 560	3 960
	19 298	7 605	4 080
	19 689	7 689	4 005
	19 556	7 610	4 150
	19 600	7 380	3 920
	19 400	7 510	3 900
	19 377	7 423	3 856
	19 432	7 499	3 794

　　为了验证 IGBT 模块的寿命服从对数正态分布的假设是否正确,本书利用 MATLAB 软件中的 Normplot 函数以及 Kolmogorov-Smirnov 检验[112]（简称 K-S 检验）对表 3.1 中的数据进行分析。

3.5.1　定性检验分析

　　将表 3.1 中的数据利用 Reliasoft 公司专为寿命数据分析而设计的 Weibull++ 软件进行威布尔分布检验分析,其结果如图 3.27 所示。

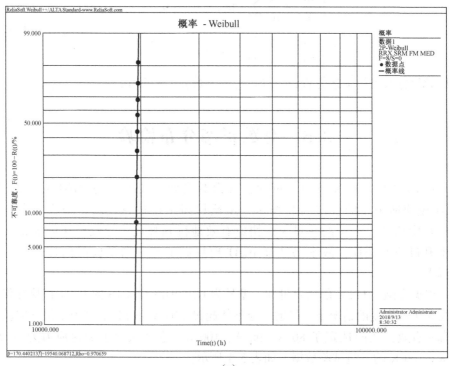

（a）

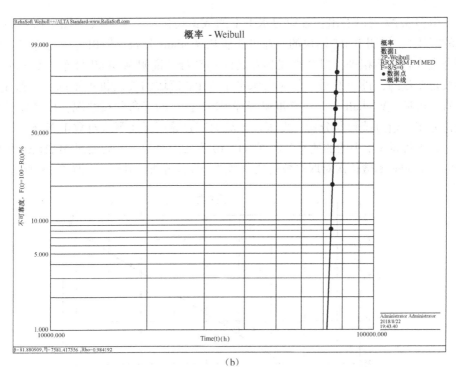

（b）

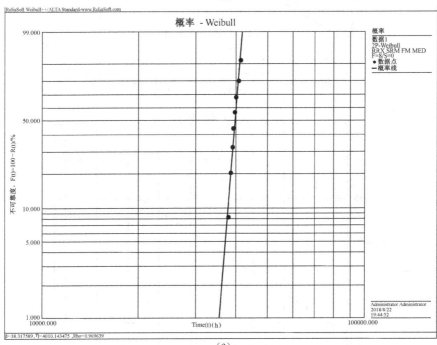

（c）

图 3.27　三种应力水平下威布尔检验

（a）70K；（b）90K；（c）100K

由图 3.27 可以看出：各应力水平下的数据均接近一条直线（图中所示为中间的竖线），说明 IGBT 模块的寿命可能服从 Weibull 分布。但由各应力水平下的拟合直线斜率不相等，拟合直线相互之间不平行，说明 Weibull 分布函数的形状参数是变化的，进而说明了各应力水平下 IGBT 模块的失效机理不同，与假定 2 矛盾。可见，Weibull 分布不能准确描述 IGBT 模块的寿命分布情况，应考虑其他统计分布。通过统计与分析，发现该产品的试验数据可能服从对数正态分布。

首先将表 3.1 中的加速寿命数据取以 10 为底的对数，然后通过 MATLAB 软件中的 Normplot 函数依次对取对数后的数据进行检验分析，其结果如图 3.28 所示。

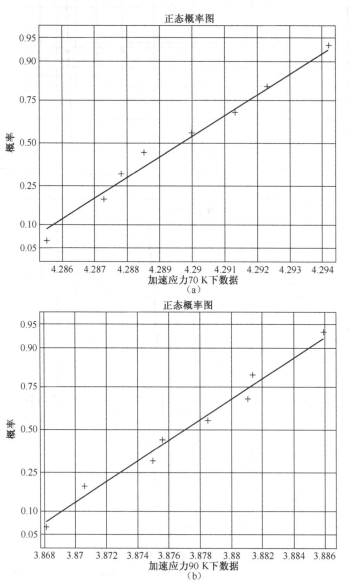

(a)

(b)

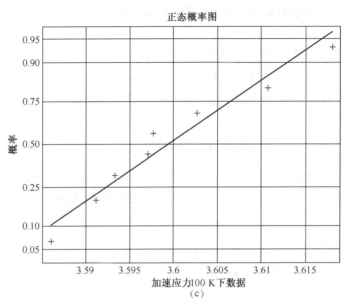

图 3.28 三种应力水平下正态性检验
（a）70K；（b）90K；（c）100K

由图 3.28 可以看出：各应力水平下的数据均接近一条直线（图中所示为中间的红线），从而可知表 3.1 中的数据在取完对数后是服从正态分布的，这说明了 IGBT 模块的寿命服从对数正态分布。图中三条近似平行的直线也表明了 IGBT 模块在三种不同的加速应力水平下的失效机理与其在正常应力水平下的失效机理相同。

▌3.5.2 定量检验分析

Kolmogorov–Smirnov 检验[113]是一种基于累积分布函数用来检验两个随机样本分布之间相似状况的统计方法[114-115]。它用于计算待检验样本与参考样本的经验分布函数之间的最大垂直距离，并将计算得到的结果作为经验分布函数相似性的度量。根据其相似度与标准值之前的比较来确定待检验样本的分布类型。

假设样本数据集合为 $X = (x_1, x_2, \cdots, x_N)$，将其观测值 $x_1, x_2, \cdots, x_N$ 按照从小到大的顺序排列 $x_{(1)} \leqslant x_{(2)} \leqslant \cdots \leqslant x_n$，则其经验分布函数 $F_X(z)$ 定义为

$$F_X(z) = \begin{cases} 0, & z < x_{(1)} \\ \dfrac{n}{N}, & x_n \leqslant z \leqslant x_{n+1}(n = 1, 2, \cdots, N-1) \\ 1, & z \geqslant x_N \end{cases} \quad (3-122)$$

对 IGBT 模块寿命进行对数正态与 Weibull 等分布检验对比，并通过 K-S 检

验来计算相关参数进而来确定 IGBT 模块寿命服从哪一种分布。具体检验方法步骤如下。

H_0：待检验样本总体分布服从参考样本总体分布。

H_1：待检验样本总体分布不服从参考样本总体分布。

令 $F(x)$ 表示预先设定的理论分布，$F_n(x)$ 表示待检验样本的累积概率函数，$F_n(x)$ 被定义为

$$F_n(x) = \frac{I(x)}{n} \tag{3-123}$$

其中 n 为随机样本的容量；$I(x)$ 为 X_1，X_2，$\cdots$，X_n 个数小于或等于 x。

K-S 检验统计量 D 为 $F_n(x)$ 和 $F(x)$ 距离之间的最大值对于所有的 x，即

$$D = \sup_x \{| F(x) - F_n(x) |\} \tag{3-124}$$

统计量 D 可以通过计算求得

$$D^+ = \max_{i=1, 2, \cdots, n} \left\{ \frac{i}{n} - F(X_{(i)}) \right\} \quad D^- = \max_{i=1, 2, \cdots, n} \left\{ F(X_{(i)}) - \frac{i-1}{n} \right\} \tag{3-125}$$

由此可得

$$D = \max \{D^+, D^-\} \tag{3-126}$$

本书所检验的样本容量 $n = 8$，考虑到容量较小，根据以往经验取显著水平 $\alpha = 0.05$，通过样本容量 n 和显著水平 α 在 K-S 检验统计表中查得 $D_{n,\alpha} = 0.454\ 3$。当 D 大于 $D_{n,\alpha}$ 时，则所检验样本的分布与参考样本的分布不一致，即接受 H_1；若所检验样本的分布与参考样本的分布一致，则为 H_0 假设。

表 3.2 所示为 IGBT 模块寿命的 K-S 检验结果，从表中可以看出：当假设 IGBT 模块寿命服从 Weibull 分布，这种情况下其 K-S 检验的 D 值均大于 $D_{n,\alpha}$，故其寿命分布不服从 Weibull 分布，接受 H_1 假设。但当假设 IGBT 模块的寿命服从对数正态分布，此种情况下 K-S 检验的 D 值均小于 $D_{n,\alpha}$，接受 H_0 假设，通过对比 Weibull 分布与对数正态分布的 P 值（P 值为待检验样本分布与参考样本的分布一致的假定成立的概率）的大小，当假定 IGBT 模块的寿命分布服从 Weibull 分布，P 值很小，基本接近 0；而当假定其服从对数正态分布时，P 值很大，基本接近 1。从这个层面也可得出 IGBT 模块寿命的分布服从对数正态分布。

表 3.2　IGBT 模块寿命的 K-S 检验结果

结温差/K	参　数	Weibull 分布	Lognormal 函数
	H	1	0
70	P	2.155 6E-08	0.980 6
	D	1	0.150 4

续表

结温差/K	参　数	Weibull 分布	Lognormal 函数
	H	1	0
90	P	2.155 6E−08	0.995 9
	D	1	0.130 1
	H	1	0
100	P	2.155 8E−08	0.865 3
	D	1	0.195 7

3.6　加速寿命方程的确定

结合式（3−121）可求得加速应力水平下为 70 K、90 K 和 100 K 的对数正态的均值 μ 以及标准差 σ，具体如表 3.3 所示。

表 3.3　各加速应力下的对数正态分布参数

结温差/K	均值 μ	标准差 σ
70	4.289 6	7.238 7E−6
90	3.877 0	3.050 8E−5
100	3.597 3	1.435 2E−4

各个结温差加速应力下的数据点 $(1/T_i, \mu_i)(i = 1, 2, 3)$，如图 3.29 所示。

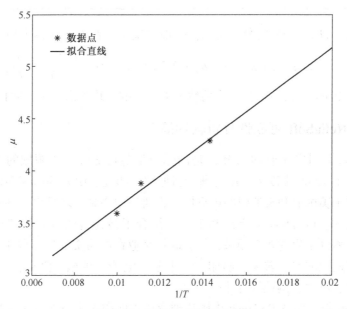

图 3.29　拟合的寿命特征曲线

采用最小二乘法拟合，从而可以求得加速参数 $a = 2.1064$，$b = 153.8036$，因此其加速寿命方程如式（3-127）所示：

$$\mu = 2.1064 + \frac{153.8036}{T} \tag{3-127}$$

拟合的寿命特征曲线如图 3.29 所示。从图 3.29 中可以看出：线性相关程度较好，说明 IGBT 模块加速模型满足阿伦尼斯方程。

3.7　基于 ALTA 软件的 IGBT 模块仿真分析

本书通过使用美国 Reliasoft 公司所提供的 ReliaSoft 10.0 中的 ALTA 软件对 IGBT 模块的另一组试验数据进行分析研究，进一步来验证 IGBT 模块的寿命分布是否满足对数正态分布并分析其可靠性，具体数据如表 3.4 所示。

表 3.4　IGBT 模块加速寿命试验数据

结温差/K	40	50	60
失效时间/h	5 001	3 216	1 560
	5 146	3 500	1 689
	5 324	3 598	1 700
	5 680	3 610	1 730
	5 710	3 858	1 960

由文献［116］的研究分析可知：一般情况下产品在正常温度应力下的平均寿命 $\bar{\mu}$ 为 $\bar{\mu} = \bar{\mu}_i \cdot \tau_i$；其中 $\bar{\mu} = \exp(\mu_i + 0.5\sigma^2)$，$\tau_i = \exp\left[\beta\left(\dfrac{1}{T_0} - \dfrac{1}{T_i}\right)\right]$。通过公式可计算出 IGBT 模块在正常工作的情况下，它的平均寿命为 165 801 h。

■ 3.7.1　ReliaSoft 可靠性分析软件简介

ReliaSoft 公司成立于 1992 年，是国际质量与可靠性工程领域的专业机构和领军企业，ReliaSoft 在欧洲、南美洲、新加坡、印度、中东等国家和地区设有分支机构，位于美国亚利桑那州的可靠性工程研发中心是全球最出色的可靠性领域技术中心之一。ReliaSoft 的产品和服务均结合了最先进的可靠性理论与实用工具，涉及可靠性工程的各个领域，能够满足企业在产品质量与可靠性分析方面的需要。客户遍及航空、航天、船舶、核工业、电子、机械、汽车、通信、铁路、石油、石化、电力、钢铁等行业。

ReliaSoft 新加坡及 ReliaSoft 中国代理商提供面向多个行业的可靠性工程解决

方案，可以满足客户面向可靠性工程应用的各种需求，包括可靠性培训服务、企业级系统解决方案设计以及专业咨询等。ReliaSoft 的可靠性分析软件集成了可靠性技术的最新研发成果，已经成为工业界、科学界广泛认可的可靠性分析标准平台。

Reliasoft 的可靠性软件产品已经成为可靠性分析领域的工业标准，其界面如图 3.30 所示。其主要软件有 Weibull++ 寿命数据分析标准软件、ALTA 定量加速寿命测试数据分析、BlockSim 可靠性框图或故障树系统分析、Xfmea 支持所有类型的 FMEA 和 FMECA、RGA 可修复系统与可靠性增长的分析、RCM++ 可靠性为中心的维护、RENO 风险分析和决策制定的仿真软件、Lambda Predict 基于标准的可靠性预计、DOE++ 实验设计和分析、MPC3 MSG-3 系统维修性大纲辅助工具以及基于风险的检测分析软件 RBI。

图 3.30　Reliasoft 的可靠性软件界面

1. Weibull++ 寿命数据分析标准软件

Weibull++ 已被全球数千家企业认定为寿命数据分析（威布尔分析）的行业标准。该软件为标准寿命数据分析（LDA）提供了一整套数据分析、绘图和报告工具，同时可集成支持各种相关分析，如退化数据分析、返修数据分析、非参数寿命数据分析、复现事件数据分析、可靠性测试设计和实验设计与分析（DOE）。

1）所有寿命数据分析选项（Weibull 分析）

Weibull++ 支持所有类型的寿命数据，包括完整、右删失、左删失、区间删失和自由表格数据，这些数据可以单独或分组输入。

该软件包含所有主要寿命分布（包括所有形式的 Weibull 分布）以及分布向导，分布向导可以帮助您选择最适合特定数据集的分布。同时还支持贝叶斯-威布尔、混合威布尔和竞争失效模式分析方法。

2）一键即可轻松查看结果、绘图和报告

Weibull++提供了一套完整的集成功能，可以快速基于分析结果提供做决策必需的结果、绘图和报告。快速计算面板（QCP）允许您存储计算结果的日志。综合图表可生成一系列具有可定制的设置和方便的注释工具的可靠性图表。该软件提供了两个基于模板的报告工具，其中包含基于数据分析的结果以及您自定义的计算。

3）相关分析

实验设计（DOE）：Weibull++现在支持各种实验设计类型，包括因子设计、田口稳健设计、响应面方法设计和可靠性 DOE。

退化数据分析：使用线性、指数、幂函数、对数、Gompertz 或 Lloyd-Lipow 模型根据其在一段时间内的性能（劣化）来推断产品的故障时间。Weibull++还包括破坏性退化分析，同时提供给用户自定义退化模型的选项。

返修数据分析：使用销售/退货数据进行寿命数据分析，然后作出保修预测。其数据输入格式包括 Nevada 图表、故障-时间、故障日期或用量（如里程、周期等）。

非参数寿命数据分析：使用 Kaplan-Meier、Simple Actuarial 或 Standard Actu-arial 技术进行非参数寿命数据分析。

可靠性测试设计：为设计有效的可靠性测试和验证测试确定适当的样品量，测试持续时间或其他变量。

可修复系统分析：使用一般更新过程（GRP）或平均累积函数（MCF）来分析复现事件数据，或使用专门的事件日志将系统故障和修复数据转换为故障时间与修复时间。

SimuMatic ⓒ的蒙特卡罗模拟：自动执行模拟数据集的分析，以研究置信区间、测试条件和许多其他可靠性工程问题。

Weibull++寿命数据分析标准软件多重图形和表单分别如图 3.31 与图 3.32 所示。

4）价值

寿命数据分析（Weibull 分析）给可靠性设计和可靠性试验提供了基础，为可靠性管理提供了决策依据。寿命数据分析的任务是定量评估产品可靠性，由此提供的信息，将作为"预防、发现和纠正可靠性设计以及元器件、材料和工艺等方面缺陷"的参考，这是可靠性工程的重点，因而，借助有计划、有目的地收集产品寿命周期各阶段的数据，经过分析，发现产品可靠性的薄弱环节，进行分

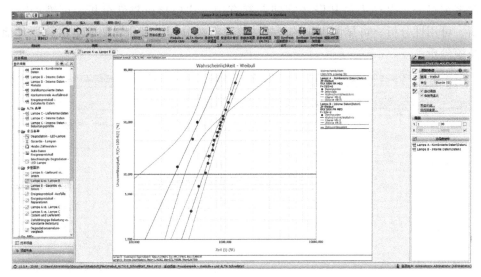

图 3.31　Weibull++寿命数据分析标准软件多重图形

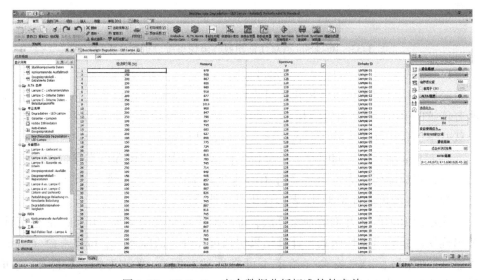

图 3.32　Weibull++寿命数据分析标准软件表单

析、改进设计，可以使产品的质量与可靠性水平不断地改进和提高；同时还能帮助我们从可靠性角度比较供应商、设计方案，验证产品可靠性是否符合要求，预测产品寿命期间的性能。

2. BlockSim 可靠性框图或故障树系统分析

ReliaSoft 的 BlockSim 软件提供了灵活的图形界面，支持一整套可靠性框图（RBD）配置和故障树分析（FTA）门与事件，如图 3.33 所示。使用精确的计算或离散事件模拟，BlockSim 有助于对可修复和不可修复的系统进行各种分析，这些系统对产品设计人员和资产管理者都有用。这包括可靠性分析、可维护性分析、可用性分析、可靠性优化、产量计算、资源分配、寿命周期成本估算和其他系统分析。

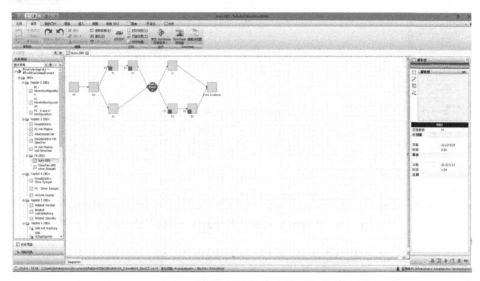

图 3.33　BlockSim 可靠性框图或故障树系统分析软件界面

1）可靠性框图、故障树和马尔可夫图

简单的拖放技术可以轻松构建可靠性框图或故障树来建模系统和过程。支持所有传统的 RBD 配置和故障树门与事件，以及高级功能，如可以对复杂配置、负载共享、备用冗余、阶段、占空比、子图等进行建模。

BlockSim 项目可以同时在一个分析工作区中包含故障树和可靠性框图。您还可以通过将故障树作为子图链接到 RBD 来进行集成，反之亦然。

2）准确的可靠性结果/图表和优化可靠性分配

使用由 ReliaSoft 开创的独家算法，即使对于最复杂的系统，BlockSim 也可计算出确切的系统可靠性函数。计算结果包括可靠性、故障概率、可靠寿命（给定可靠性的时间）、BX% 寿命（给定不可靠性的时间）、平均寿命、故障率、pdf 图、可靠性与重要性图和最小割集。

3）通过离散事件模拟的可修复系统分析

BlockSim 中，可修复系统的可维护性和可用性分析仿真功能比以往任何时候都更加复杂与接近现实。当您使用模拟时，分析可以考虑维修人员和备件的占空比、恢复因子、停机时间和成本/可用性等因素。您可以获得恰当的维修计划建模，维修计划是依据其他部件和系统在运行过程中经历的不同阶段而制订的。

仿真结果可用于各种应用，包括但不限于以下几个方面。

考虑安全性、成本和/或可用性，选择最有效的维护策略。

确定最佳预防性维护（PM）间隔。

考虑成本、利用率、供应瓶颈等因素来管理备件库存。

识别对可用性（停机时间）影响最大的组件。

此外，BlockSim 的产量分析可用于识别瓶颈，优化资源分配，从而提高系统的处理效率。

只要适用，BlockSim 允许您指定与定义的维护策略相关的直接和间接成本。这将产生大量模拟结果，有助于执行真实的寿命周期成本评估。

3. Xfmea 支持所有类型的 FMEA 和 FMECA

ReliaSoft 的 Xfmea 支持所有类型的 FMEA 分析的主要行业标准（包括设计 FMEA，Process FMEA，FMECA 等）。该软件为主要报告标准提供预定义的配置文件，并具有定制界面和报告的强大功能，如图 3.34 所示，以满足您的具体需求。

图 3.34　Xfmea 软件界面

Xfmea 可让您在设计 FMEA 和过程 FMEA 之间传输相关数据，并提供相关分析工作表，如设计验证计划（DVP&Rs），基于故障模式的设计审查（DRBFM）、流程图、控制计划和 P-图。

1）多用户访问和智能集成

分析存储在一个集中式数据库中，支持多个用户同时访问，并在启用综合软件工具之间共享相关信息。这使您能够构建和管理一个有价值的、关键字搜索的知识库，这个知识库包括产品可靠性信息以及可以在整个组织之间共享的经验教训。对于企业级存储库，Microsoft SQL Server ⓒ 和 Oracle 都支持。

2）查找和再利用现有的分析数据或短语更容易

Xfmea 软件提供了一系列工具，可帮助您查找和再利用现有分析中的描述，以及从预定义的模板或短语库中选择短语。您还可以使用完全可自定义的 Excel 模板从外部数据源快速导入系统配置或分析数据。

3）分析信息的多重视图

Xfmea 灵活的系统层级面板能够根据系统配置组织分析信息，包括最复杂的多层次的系统配置。然后，对于每个分析，您可以轻松地在 FMEA 数据的三个互补视图之间来回切换：传统工作表、直观的层级树或可排序的过滤列表（如原因按照 RPN 排序或措施按照纳期排序）。

4）支持相关分析

Xfmea 为相关分析提供综合支持，如设计验证计划（DVP&Rs），基于故障模式的设计审查（DRBFM）、工艺流程图（PFD Worksheets）、过程控制计划（PCP）和 P-Diagrams。

5）纠正措施的反馈环路

为了确保您的组织贯彻执行在 FMEA 期间确定的设计或流程改进，Xfmea 提供了各种功能以帮助团队追踪建议措施的执行情况。这包括有针对性的报告、图表和通过电子邮件自动通知的功能。

6）灵活的报告、查询、图表和框图

Xfmea 提供了一套完整的可直接打印的报告、灵活的特定查询、图表和框图，可让您以最有效的方式呈现分析信息，以支持制定决策。

7）价值

帮助找出所有可能的故障模式及其影响，进而采取相应的改进、补偿措施；为制定试验大纲提供定性信息；为确定更换有寿件、元器件清单提供可靠性设计与分析的定性信息；为确定需要重点控制质量及工艺过程中的薄弱环节清单提供定性信息；可及早发现设计、工艺过程中的各种缺陷。

4. RGA 可修复系统与可靠性增长的分析

ReliaSoft 公司的 RGA 提供全部主要的可靠性增长模型，以及其他都没有的更高级的分析方法，其界面如图 3.35 所示。

1）传统可靠性增长分析和结果

RGA 支持所有传统可靠性增长分析模型：Crow-AMSAA（NHPP），Duane，Standard and Modified Gompertz，Lloyd-Lipow 和 Logistic；

该软件可选择时间-故障（连续型）、离散（成功/故障）、可靠性数据，它们来自多种不同类型的开发可靠性增长测试。可用模型取决于数据类型。

2）可靠性增长项目、规划和管理

支持多种创新方法，即以更好地呈现真实的测试实践和实际应用的方式扩展

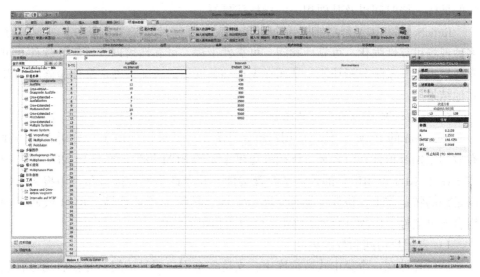

图 3.35　RGA 可修复系统与可靠性增长的分析软件界面

传统的可靠性增长方法，这仅在 RGA 中可用。

Crow Extended 模型，允许根据是否以及何时修复来对故障模式进行分类，可以进行可靠性增长预测并评估可靠性增长管理策略。

增长规划可帮助您创建一个多阶段的可靠性增长测试计划。此外，您也可以使用 CECE（Crow Extended – Continuous Evaluation）模型来分析来自多个测试阶段的数据，并创建一个多阶段绘图，以便将测试结果与计划进行比较。这将有助于确定是否有必要在后续测试阶段进行调整，以满足您的可靠性目标。

离散可靠性增长计划允许您制定一次性设备的总体策略。

任务配置帮助您制订平衡的运行测试计划，并跟踪计划的实际测试，以确保数据适合可靠性增长分析。

3）充分利用实地可修复系统分析的有限数据集

RGA 可进行实地可修复系统分析。这包括用于可修复系统（基于非均匀泊松过程）的可靠性测试设计工具和专门为分析实地系统数据而设计的数据表。根据您的数据集的特点，您可以做以下几点。

分析实地可维修系统的故障时间，以便了解随时间变化的可靠性，并计算感兴趣的指标（如最佳大修时间或预期故障次数），而无须通常必需的详细数据集。

通过对实地运行的一个机队的单元推出补丁，评估预期的可靠性增长。

使用分组（间隔）数据分析来评估机队保修数据，以估计未来的返修。

4）价值

量化每个连续的设计样品得到的可靠性增长水平；确定为达到可靠性目标而展开的既定试验或者策略的可行性；在没有具体数据的情况下，计算现场可修系统的最优大修时间以及其他相关的指标信息。

ReliaSoft 的 RGA 是功能极为全面和强大的可靠性增长分析软件，它结合了多种现场可靠性强化、可靠性顾问、可靠性工程、可靠性培训、可靠性软件、可靠性知识提升系统分析功能，从而在无详细数据集的情况下确定最佳检修时间及其他结果。

5. RCM++可靠性为中心的维护

ReliaSoft 的 RCM ++使得应用以可靠性为中心的维护（RCM）分析方法创建有效的定期维护计划更容易。该软件提供主要的 RCM 报告标准（如 ATA MSG-3 和 SAE JA1011／1012）的预定义配置文件，并允许您配置接口和打印报告，以满足您的特定需求。该软件具有允许您实现"精简"或"严格"RCM 或两者的组合的灵活性。RCM ++包含 FMEA 全功能和相关分析。

1）多用户访问和智能集成

分析存储在一个集中式数据库中，支持多个用户同时访问，并在启用综合软件工具之间共享相关信息。这使您能够构建和管理一个有价值的、关键字搜索的知识库，这个知识库包括产品可靠性信息以及可以在整个组织之间共享的经验教训。对于企业级存储库，Microsoft SQL Server 和 Oracle 都支持。

2）查找和再利用现有的分析数据或短语更容易

RCM++提供了一系列工具，可帮助您查找和再利用现有分析中的描述，以及从预定义的模板或短语库中选择短语。您还可以使用完全可自定义的 Excel 模板从外部数据源快速导入系统配置或分析数据。

3）支持 RCM 决策逻辑图

RCM ++支持两种可配置的方法来确定哪些设备将使用 RCM 技术进行分析：选择问题（是/否）和关键因素（评级量表）。该软件还支持来自主要行业 RCM 标准的故障影响分类（FEC）和维护任务选择逻辑图，并提供自定义问题和类别的功能以满足特定应用需求。

4）比较维护策略并确定最佳替换间隔

当涉及基于成本和可用性来比较维护策略或选择最佳替换间隔时，RCM ++远远超越基于 MTBF 和恒定故障率假设的计算结果。该软件通过允许您从多种统计分布中选择以描述设备的故障行为，然后应用内置的模拟/计算引擎来获取有用的指标，从而将"可靠性"回归到"以可靠性为中心的维护"中。

5）支持 FMEA 和相关分析

RCM ++提供了一整套 FMEA 和相关分析功能，可以独立使用或与任何 RCM 分析集成。例如，根据评估的危害性，一些设备应用 RCM ，其他设备应用 FMEA。或者，在一些 RCM 分析中纳入风险系数（RPN）的方法作为额外的风险评估工具。该软件还提供以下可配置的功能。

（1）设计验证计划和报告（DVP&Rs）。

（2）PFD 工作单。

（3）过程控制计划（PCP）。

（4）基于故障模式设计审查（DRBFM）。

（5）P-图。

6）灵活的报告、查询、图表和框图

RCM 提供了一套完整的可直接打印的报告，灵活的特定查询，图表和框图，可让您以最有效的方式呈现分析信息，以支持制定决策。

图 3.36 所示为以 RCM++可靠性为中心的维护软件界面。

图 3.36　以 RCM++可靠性为中心的维护软件界面

7）价值

帮助我们制订一套有形资产的维修计划，使其功能、风险、费用都能满足我们的要求；评估是否需要展开预防性维修，以及最优的预防维修间隔；通过对过往分析成果的重新利用，使我们的维修分析工作更充分和有效。

6. RENO 风险分析和决策制定的仿真软件

ReliaSoft 的 RENO 软件采用可视化和直观的流程图方法，使您可以构建自己的流程图模型来分析即使最复杂的概率或确定性场景。RENO 是独一无二的，它为您提供了计算机语言的灵活性，而不是编写计算机代码，您可以使用熟悉的流程图概念来构建分析。

1）潜在应用

可以使用 RENO 进行风险分析，复杂的可靠性建模，决策，维护计划，优化，运行研究，财务分析，等等。应用 RENO 解决问题包括以下三个基本步骤。

（1）构建流程图模型。

（2）运行模拟。

（3）评估结果。

2）构建流程图模型更容易

RENO 提供了构建流程图模型所需的完整数据块和资源，包括变量、模型、函数、条件块、逻辑门、结果存储块、标志旗帜、计数器等。

3）方程式建立的智能特征

RENO 提供超过 200 个保留关键字和内置函数与智能功能一起协助构建方程，如色彩代码、资源预览和功能选择器与方程式编辑器。

4）调试器功能

RENO 包括一个集成的功能，可帮助您验证和"调试"流程图模型，方法是允许您移动流程图中的每一步，并观察当每个块或资源被执行时的值。

5）具有多个显示选项的灵活的结果序列

RENO 允许您执行/模拟您的流程图模型，以生成一系列的结果，包括平均值、总和、数组和最小/最大值。在执行/模拟期间，可以在电子表格、流程图和/或图中显示结果。

6）灵敏性分析与优化

灵敏度分析功能允许您根据您指定的开始，结束和增量值，在模拟运行中更改一个或两个变量。此外，软件可以自动执行多次运行，以确定最小化或最大化特定结果的值。

图 3.37 所示为 RENO 风险分析和决策制定的仿真软件界面。

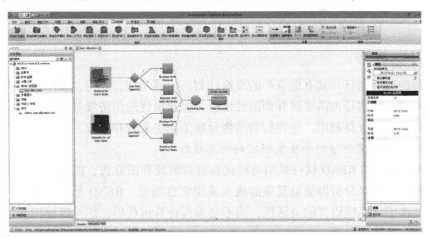

图 3.37　RENO 风险分析和决策制定的仿真软件界面

7）价值

RENO 可帮助您使用流程图模型为复杂系统随机事件进行仿真，预测系统

"利益"值；通过灵敏度分析评估影响结果的输入因子；通过多次仿真自动预测最优值。

7. Lambda Predict 基于标准的可靠性预计

ReliaSoft 的 Lambda Predict 软件基于主要公布的标准，包括 MIL-HDBK-217F（MIL-217），Bellcore / Telcordia，FIDES，NSWC 机械和西门子 SN 29500，进行可靠性预测分析。

Lambda Predict 提供了一系列计算结果以及图形图表和可自定义报告。该软件还提供了一整套支持工具，包括易于使用的部件库功能、可靠性分配功能、降额分析以及通过灵活的导入/导出或复制/粘贴传输和管理数据的功能。

Lambda Predict 提供对 PartLibraries. org 网站门户的独家访问，允许用户从 MIL-M-38510，EPRD-97 或 NPRD-95（免费向所有用户）搜索和导入零件数据，以及超过 30 万个特定商业电子元件（需要年度订阅）。

1）可靠性预测分析的综合平台

基于 MIL-HDBK-217F，Bellcore / Telcordia，FIDES，NSWC 机械或西门子 SN 29500，Lambda Predict 软件简化了基于标准的可靠性预测分析过程的每一步，具有人性化的功能，可让您轻松实现以下几个方面。

构建系统配置（"从头开始"或通过从"物料清单"文件，预定义零件库或其他外部来源导入数据）。

定义组件特性和运行条件，选择两个不同的"视图"，使数据输入更容易。

在配置中的任何级别计算结果（Pi 因子、故障率、MTBF 等）。

使用图形图表来显示和呈现分析结果。

生成可打印的报告，以支持决策和传播知识。

2）降额分析

Lambda Predict 还可以轻松地为您的系统执行降额分析。当可以通过选择现有的降额标准或者自定义的判据，对产品进行降额分析，软件能提供可视化的工具标示出每个器件的降额状态以及更多的细节分析信息和图表。可供使用的降额标准如下：NAVSEA-TE000-AB-GTP-010，MIL-STD-975M（NASA），MIL-STD-1547，Naval Air SystemCommand AS-4613 和 ECSS-Q-30-11-A。

3）可靠性分配

分配功能帮助您确定为了达成整体可靠性目标单独组件必须达到的可靠性，可用的模型有平均分配、AGREE 分配、目标分配可行性、ARINC 分配技术和可修复系统分配。

4）通过导入/导出或复制/粘贴进行灵活的数据管理

Lambda Predict 将您的分析信息存储在关系数据库中，这使您可以利用许多有用的数据管理功能。例如，该软件提供了一个灵活的工具，用于从现有分析或库中查找和再利用数据。您还可以使用导入/导出或复制/粘贴轻松复制或传输数据。

图 3.38 所示为 Lambda Predict 基于标准的可靠性预计软件界面。

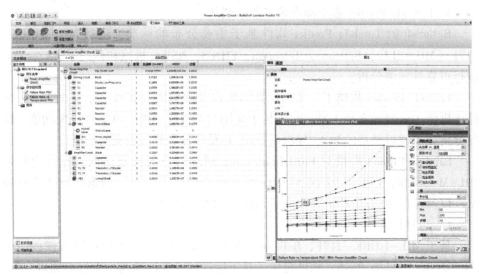

图 3.38　Lambda Predict 基于标准的可靠性预计软件界面

5）价值

Lamda Predict 能帮助判断产品设计是否达到可靠性目标，并在产品研发早期识别出潜在的失效问题范围；比较设计方案，权衡各种系统设计因素；能考虑到被忽视的将对系统性能产生巨大影响的环境因素或者其他应力因素。

8. DOE++实验设计和分析

ReliaSoft 的 DOE++ 软件简化了传统"试验设计"（DOE）技术的实施，更有效地对比产品或工艺流程的影响因素，进而确定重要的因素，并对设计进行优化。软件还对基础方法进行了拓展，以对区间及右删失数据实施正确的分析处理——这为可靠性相关分析提供了一项重大突破！

1）主要功能

（1）单因子设计。单因子设计用于确定某一特定因子是否影响指定的输出或响应。运用此方法，可通过多达 255 个水平来详细探查因子的影响。另外，此方法还可帮助确定输出中为何产生变更，即是源于输入（水平）的变更，还是源于随机误差。

（2）析因设计。析因设计可帮助确定哪些因子对输出或响应有明显影响，并可确定出因子间的相互作用。

①完全析因设计。完全析因设计是在各个水平上试验所有可能的因子组合。此类设计可产生综合数据，但由于时间、金钱和/或试验样本数量的限制，此类设计可能无法实现。

②部分析因设计。部分析因设计是在所讨论的水平上，来试验可能因子组合的子集。这样便可以较少的时间、金钱和/或样本投入，来筛选更大数量的因子和/或水平，但会导致一定程度的重叠（或混淆），即某一因子或因子相互作用的影响，可能无法与另一种影响分离开来。

③Plackett-Burman 试验设计。

④田口正交试验设计。

（3）响应面方法（RSM）设计。响应面方法设计可研究因子的二次影响，这使得此类设计非常适合于预测建模及优化。

勤达科技集团专业提供 DOE++、瑞蓝软件、加速寿命测试数据分析、寿命分析、威布尔分析、有效的对比产品或工艺流程的影响因素，进而确定重要的因素，并对设计进行优化，以对区间及右删失数据实施正确的分析处理。

（4）田口稳健设计。田口稳健设计旨在通过组合控制因子内部数组与噪声因子外部数组，来最大限度地减小响应的可变性，而不管是否存在噪声因子。

（5）可靠性 DOE。可靠性 DOE 专门用来处理寿命数据。这里只度量一个响应（通常是失效前时间），但设计却可容纳包含右删失的数据集，以及/或者关于产品何时失效的不确定性（区间和/或左删失），另外还有完整数据集，其中所有受试产品均失效，各产品的失效前时间均为已知。可运用 Weibull、对数正态或指数分布来进行数据分析。

图 3.39 所示为 DOE++实验设计和分析软件界面。

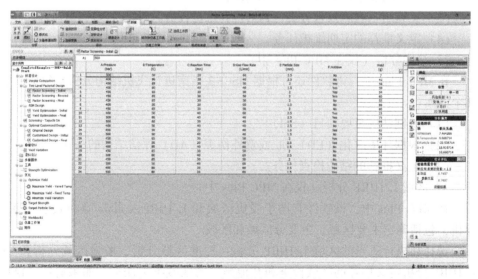

图 3.39　DOE++实验设计和分析软件界面

2）价值

勤达科技集团专业提供 DOE++、瑞蓝软件、加速寿命测试数据分析、寿命分析、威布尔分析、有效的对比产品或工艺流程的影响因素，进而确定重要的因素，并对设计进行优化，以对区间及右删失数据实施正确的分析处理。

应用数理统计学，采用科学的方法去安排试验，处理试验结果，以最少的人力和物力消费，在最短的时间内识别影响产品或者过程的最显著的因素；评估改善和优化设计的方法；超越传统的试验设计技术，使用合适的分析办法处理产品寿命数据，得到的相关信息对于可靠性工程师来说具有更大的意义。

9. MPC3 MSG-3 系统维修性大纲辅助工具

ReliaSoft 的 MPC 软件旨在帮助 MSG-3 工作组根据 MSG-3 进行系统和动力装置分析，结构分析和/或区域 L/HIRF 分析：操作员/制造商计划维护开发指南。

MPC 使分析过程简洁，提供灵活的数据管理功能，并能够自动生成报告，报告模板已被航空业维护审查委员会录用。该软件有以下两个版本。

MPC 标准支持系统和动力装置分析的整个过程。

MPC Plus 包括对结构分析和区域 L / HIRF 分析的额外支持。

1）系统与动力装置分析

MPC 引导您完成飞行器系统和动力装置分析的整个 MSG-3 过程，包括以下几个方面。

（1）识别维护重要项目（MSI）。

（2）记录功能故障分析（F-F-E-C）。

（3）实施用于故障效果分类（FEC）和维护任务选择的 MSG-3 逻辑。

（4）定义推荐的定期维护任务。

2）结构分析（仅在 MPC Plus 中）

在 MPC Plus 中，该软件还可根据 MSG-3 指南进行飞机结构分析，包括以下几个方面。

（1）识别结构重要项目（SSI）。

（2）根据环境恶化（ED）和/或意外伤害（AD）评估结构的潜在风险。

（3）定义推荐的结构检查任务。

3）区域 L/HIRF 分析（仅在 MPC Plus 中）

在 MPC Plus 中，该软件有助于飞机区域和 L/HIRF（雷击/高强度辐射场）分析，包括确定主要区域、主要分区域和区域。

选择和执行适当的区域 L/HIRF 分析：标准区域分析、增强区域分析和/或 L/HIRF 分析定义推荐的区域检查和其他预定的区域维护任务。如果适用，也可以轻松地从其他 MSG-3 分析中转移区域候选任务。

4）灵活的数据管理和报告功能

对于所有类型的 MSG-3 分析，MPC 提供了许多功能，可帮助多个用户和组在其项目上协同工作，包括共享信息门户、追踪分配动作功能以及当您需要离线工作时的检查部分选项。

数据输入和管理功能现在比以往任何时候都更加人性化，并且软件继续提供工具，使您能够从现有分析中查找和再利用数据。当您准备好分享结果时，MPC 还提供了一套全面的报告，这只需要手动准备报告文档所需时间的一小部分。

图 3.40 所示为 MPC3 MSG-3 系统维修性大纲辅助工具软件界面。

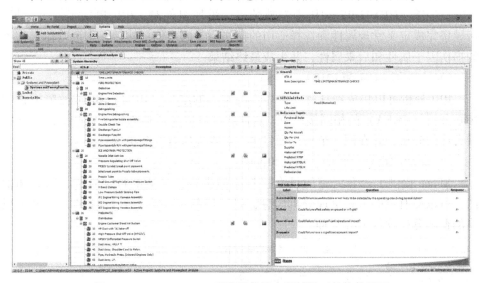

图 3.40　MPC3 MSG-3 系统维修性大纲辅助工具软件界面

10. 基于风险的检测分析软件 RBI

ReliaSoft 的 RBI 软件使得石油和天然气、化工和发电厂基于风险的检测（RBI）分析更容易，RBI 符合美国石油学会在 API RP580 和 RP581 与美国机械工程师协会在 ASME PCC-3-2007 出版物中提出的标准。

RBI 包括以可靠性为中心的维护（RCM）和 FMEA/FMECA 的全部功能。

1）多用户访问和智能集成

分析存储在一个集中式数据库中，支持多个用户同时访问，并在启用综合软件工具之间共享相关信息。这使您能够构建和管理一个有价值的、关键字搜索的知识库，这个知识库包括产品可靠性信息以及可以在整个组织之间共享的经验教训。对于企业级存储库，Microsoft SQL Server ⓒ和 Oracle ⓒ都支持。

2）查找和再利用现有的分析数据或短语更容易

RBI 提供了一系列工具，可帮助您查找和再利用现有分析中的描述，以及从预定义的模板或短语库中选择短语。您还可以使用完全可自定义的 Excel ⓒ模板，从外部数据源快速导入系统配置或分析数据。

3）快速定性评估

可以配置风险探索等级功能，以提供快速的定性 RBI 分析，通过估算资产在风险方面的重要性可以节省时间和精力。通过快速评估，您可以将有限的资源（时间和金钱）集中在物理和财务上构成最大风险的资产上。

4）定量 RBI 分析

对于需要详细定量分析的组件，RBI 包括美国石油学会 RP 581 文件中列出的所有设备和组件，用于基于风险的检测技术。这包括压缩机、换热器、管道、导管、油罐、HEXTUBE 和压力释放装置。添加组件时，RBI 提供了一个向导，指导您完成定义常规属性和选择适用的损伤因子的步骤。然后，您可以输入相关的损伤因子属性和后果属性，并生成最终结果。

5）全功能 RCM 和 FMEA

RBI 分析可以集成到具有以可靠性为中心的维护（RCM）和/或故障模式和影响分析（FMEA）的相同接口中。这样您就可以灵活地为每个资产或组件选择最合适的分析，并在同一个分析项目中一起管理所有的分析信息。

6）灵活的报告、查询、图表和框图

Xfmea 提供了一套完整的可直接打印的报告、灵活的特定查询、图表和框图，可以最有效的方式呈现分析信息，以支持制定决策。图 3.41 所示为基于风险的检测分析软件 RBI 界面。

图 3.41　基于风险的检测分析软件 RBI 界面

11. ALTA 定量加速寿命测试数据分析

ALTA 模块是 ReliaSoft 可靠性分析软件中最核心的模块之一，其主要作用是用来分析加速寿命测试数据。ALTA 模块基于其直观友好的人机用户交流界面和强大的数学模型，用户借助它可以准确地获得想要的预测结果。其功能包括以下几个方面。

（1）数据类型：ALTA 的录入数据支持截尾数据、区间数据以及分组数据等。此外，Weibull++ Monte Carlo 等工具还可以根据参数、分布和指定模型来随机生成满足要求的数据集。

（2）分布及寿命-应力关系：为了更加全面地分析加速寿命数据，ALTA 将Weibull、指数以及对数正态分布与 Arrhenius、Eyring、逆幂律、温度-湿度、温度-非热应力寿命-应力关系结合起来。

（3）快速获取参数与计算结果：在 ALTA 中通过直观的结果面板可以准确地获得 Log-Std、活化能 *Ea* 等参数值，由其所提供的 QCP 可快速得到可靠性结果（如失效概率、可靠寿命、BX%寿命、加速系数等信息）。

（4）无与伦比的绘图功能：ALTA 能够自动生成一系列完整的可靠性曲线图，并可以定制图表的大部分外观。其中包括概率 vs. 时间、可靠度 vs. 时间、失效率 vs. 时间、寿命 vs. 应力、AF vs. 应力等图形。

（5）与 Weibull++等软件的集成：目前在版本 10 中，ALTA10 与 Weibull++10 之间的链接相对之前版本来说更加紧密。现在，单个项目文件（＊.rsr10）可以包含 ALTA 和 Weibull++分析页面，并且通过单击按钮很容易在两产品之间轻松切换。而且还可以很方便地从 BlockSim、RCM++、RENO 和 Xfmea 中访问ALTA 分析结果。

最终，可靠性及质量工程师使用 ALTA 软件进行分析产品，有助于我们理解和量化影响产品的寿命应力（或其他因素），它还可以帮助产品缩短测试时间，加快其上市时间、降低其开发成本以及返修费用，帮助改进产品设计以及带来其他益处。

3.7.2　实验仿真与结果分析

将表 3.4 中的试验数据导入 ALTA 中，如图 3.42 所示。根据前面的理论研究知其加速模型为 Arrhenius。由分布向导中的"分布与优先级"这个功能得知：IGBT 模块加速寿命数据所服从的分布为对数正态分布，如图 3.43 所示。通过利用 ALTA 分析其加速寿命数据得出的图 3.43 可准确地获得其可靠性设计中常用的参数。

IGBT 模块的平均寿命可通过 ALTA 所提供的快速计算功能 QCP 轻松快速地获得。由 QCP 可知，在正常工作情况下，模块的平均寿命约为 157 843 h，如图3.44 所示。与文献［116］的公式计算相对比，两者之间的误差为 4.8%，小于5%，说明 ALTA 预测模块的平均寿命精度较高。此外，通过 ALTA 还可快速获得如可靠度、BX%寿命和失效率等一些常见的可靠性信息。

	状态：F 或 S	时间：F 或 S(小时)	温度 K ☑
B4		5680	
1	F	5001	40
2	F	5146	40
3	F	5324	40
4	F	5680	40
5	F	5710	40
6	F	3216	50
7	F	3500	50
8	F	3598	50
9	F	3610	50
10	F	3858	50
11	F	1560	60
12	F	1689	60
13	F	1700	60
14	F	1730	60
15	F	1960	60

图 3.42 数据表单

图 3.43 常见的可靠性参数

在 ALTA 中通过 IGBT 模块加速寿命数据生成的各种图形与结果面板上得到的各种参数值，可较为直观、准确地获取模块可靠性最常见的信息，为快速分析 IGBT 模块的可靠性提供了较为简便的方法。通过分析数据可得 IGBT 模块在加速应力下的概率图，如图 3.45（a）所示。通过 ALTA 的结果面板可直接获得 Log-

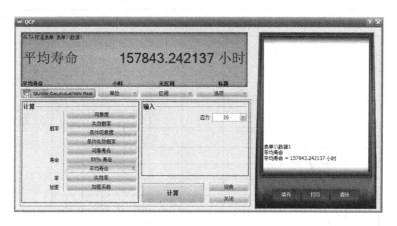

图 3.44　快速计算器

Std 参数值，而 Log-Mean 参数值可由参数估计器计算获取，获取其相关参数之后，利用 ReliaSoft Weibull++进行验证 IGBT 模块寿命分布是否满足对数正态分布。利用 Log-Std 值、Log-Mean 值以及 Weibull++ Monte Carlo 得到 IGBT 模块在正常应力下的概率图，如图 3.45（b）所示。

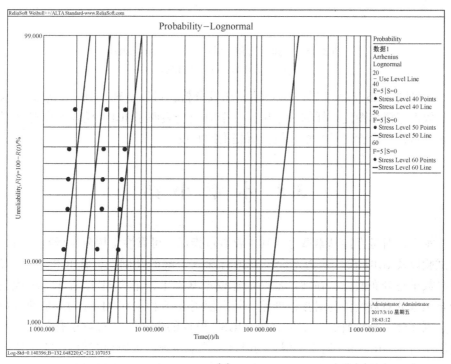

（a）

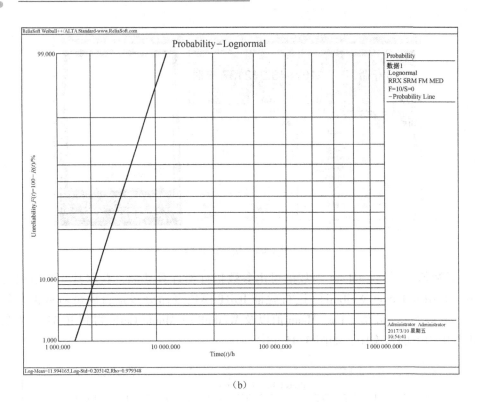

（b）

图 3.45　加速应力和正常应力下对数正态概率

（a）加速应力；（b）正常应力

　　通过图 3.45（a）与图 3.45（b）比较分析，可以清晰得到：正常应力水平下对数正态概率图是一样的。这从另一个方面也表明了 IGBT 模块寿命符合对数正态分布，再次验证了本章开篇初所提出的假设。

3.8　本　章　小　结

　　本章在对可靠性基本概念及其主要数量指标、可靠性常用分布函数、加速寿命试验以及 IGBT 模块应力寿命模型进行深入了解的基础上，就 IGBT 模块寿命做对数正态分布假设，在阿伦尼斯加速模型基础上，采用 MLE 估计了对数正态分布函数的对数均值与对数标准差。其次使用 K-S 检验和 ALTA 对其加速寿命试验数据展开了分析研究。结果表明，IGBT 模块的寿命服从对数正态分布，其加速模型符合 Arrhenius 加速模型。同时该方法能快速、准确地获得 IGBT 模块可靠性分析中常见的图形和参数值，为快速和高效地分析其可靠性提供了一种较实用方法。

■ 第4章 ■

功率模块 IGBT 散热分析

电机控制器散热器可靠与否也与功率模块 IGBT 的散热有关，散热性能的好坏直接关系到电机控制器能否正常稳定地工作，对电机控制器散热器散热的仿真也是必不可少的。

仿真分析之前从散热理论基础和流体力学及流体动力学基础开始。

散热分析需要较多的理论知识，包括传热学、流体力学和流体动力学等学科的基础知识，并要了解常见的冷却方式以及掌握如何用热阻与压降来判断一个散热系统的好坏。因此，为了对一个散热系统更好地进行散热分析，必须明确其理论基础。

4.1 传热学基础

当物体与外界温度不一致时，就会发生热量传递的现象，热量传递的基本规律是热量从高温区域流向低温区域传递，基本的计算公式为

$$Q = KA\Delta t \tag{4-1}$$

式中：Q 为热流量，W；K 为换热系数，W/($m^2 \cdot \text{℃}$)；A 为换热面积，m^2；Δt 为冷热流体之间的温差，℃。

热量传递包括三种基本方式：热传导（thermal conduction）、热对流（thermal convection）和热辐射（thermal radiation）。在工程实际的热量传递过程中，热量传递通常是由两种或三种基本传热方式组成的。下面简略介绍三种传热方式及其基本公式。

（1）热传导：当物质本身内部或物质与物质接触时，通过能量较低的粒子（分子、原子或自由电子）和能量较高的粒子直接接触碰撞来传递能量的方式称为热传导。相对而言，热传导方式局限于固体和液体，因为气体的分子构成并不是很紧密的，它们之间能量的传递被称为热扩散。

（2）热对流：流体（气体或液体）与固体表面接触，造成流体从固体表面

将热带走的热传递方式。热对流分为两种，分别为自然对流和强制对流。自然对流指的是流体运动，因为流体受热之后，或者说存在温度差之后，自然就产生了热传递的动力；强制对流则是流体受外在的强制驱动（如风扇带动的空气流动、水泵带动的液体流动），因此这种热对流更有效率和指向性。

（3）热辐射：一种可以在没有任何介质的情况下，以电磁波的形式进行热交换的热传递方式，与热传导和热对流换热不同，任何高于绝对零度的物体，均可以以一定的波长向外辐射能量，同时也接受外界向它辐射的能量。热辐射不需要通过任何传播介质，可在真空中传递能量，并且能量可进行转换，即热能转化为辐射能或者辐射能转化为热能。

各种热量传递的公式和基本参数介绍如下[117]。

1. 导热系数 λ

导热系数 λ 是材料固有的热物理性质，表示物质导热能力的大小，随不同材质而有所不同。一般而言，导热系数由大到小分别为固体>液体>气体，值越大代表其热传导性越好，根据傅立叶定律则有

$$\Phi = \lambda A \frac{\Delta t}{\delta} \tag{4-2}$$

式中：Φ 为单位时间通过单位面积的热流量热流密度；λ 为材料的导热系数；A 为导热面积；$\frac{\Delta t}{\delta}$ 为温度梯度。

从式（4-2）中可以看出，如果要增强热传导的散热量，通过增加热传导系数，选择热传导系数较高的材料进行导热，如铜［约为360W/(m·℃)］或者铝［160W/(m·℃)］；增加导热方向的截面积等均可增加导热量。

2. 对流传热系数

影响对流换热的因素有很多，主要包括流态（层流和湍流）、流体本身的物理性质、换热面积的因素（大小、粗细和放置位置）等。

当流体流过固体壁时，对流换热可根据牛顿冷却公式：

$$\Phi_c = h_c A \Delta t \tag{4-3}$$

式中：Φ_c 为对流传热的热流量，W；h_c 为对流换热系数，W/(m·℃)；A 为固体与流体接触的壁面积，m²；Δt 为流体和壁面之间的温差。影响对流传热系数的因素有很多，主要有流场的特性：如层流、湍流、自然对流（对流系数一般小于25）、强制对流（对流系数小于250），而流体物理性质也会影响其对流传热系数的大小：如流体种类、温度等。想要增强对流换热，可增大对流换热系数和对流换热面积。对于自然对流换热和强迫对流换热来说，前人提出了计算对流换热系数的准则方程，根据不同的准则方程计算的对流换热系数，可以在仿真软件中进行计算。

3. 辐射传热系数

物体之间的热辐射是相互的，如果两个物体之间存在温差，则物体间便进行辐射换热过程。

计算辐射传热的公式为

$$\Phi_r = h_r A(t_{w1} - t_f) \tag{4-4}$$

式中：Φ_r 为辐射传热的热流量；h_r 为辐射传热系数；A 为物体辐射表面积，m^2；t_{w1} 为物体表面温度；t_f 为环境温度，℃。

由此可以看出，要增大物体表面间的辐射换热，可提高热源表面的热辐射系数。

从上述三种基本传热表达式可以看出，增强换热有以下几种方式。

（1）增加有效换热面积。

（2）减小接触热阻。在电子元器件与散热器之间涂抹导热硅脂或者填充导热垫片，可以有效减小接触面的接触热阻。

（3）增加强迫冷风的风速，增大物体表面的对流换热系数。

（4）破坏物体表面的层流边界层，增加紊流度。由于固体壁面速度为 0，在壁面附近会形成流动的边界层，凹凸的不规则表面可以有效地破坏壁面附近的层流界面，增强对流换热。如两个散热面积相同的交错针状散热器和翅片散热器，针状散热器的换热量可增加 30% 左右，这主要是湍流的换热效果远高于层流，而针状散热器可增大紊流流速。

（5）减小热路的热阻。在狭小的密闭腔体空间内，器件主要通过热传导、热对流和热辐射进行热量的传递。因为空气导热系数较小，狭小空间内的空气容易形成热阻塞，因此热阻较大。如果在器件与机箱外壳间填充绝缘的导热垫片，则热阻必然会降低，有利于散热。

（6）增加散热壳体外表面。高温物体可通过辐射换热将部分热量传递给壳体，壳体表面的吸收率越高，高温物体与壳体之间通过辐射换热量越大。

4.2　流体力学和流体动力学基础

4.2.1　雷诺数

自然界中流体的流动状态主要有两种形式，即层流和湍流。层流是指流体在流动过程中两层之间没有相互掺混，而湍流是指流体不是处于分层流动状态。一般来讲，湍流是普遍的，而层流则属于特殊情况。

实验证明，流体在管道中的流动状态不仅与流体的速度有关，而且还与管道的几何尺寸、流体的黏着系数有关，通常用雷诺数 *Re* 来表示流体的状态[118]：

$$Re = \frac{\nu d}{\gamma} = \frac{\rho \nu d}{u} \tag{4-5}$$

式中：ν 为流体的平均速度，m/s；d 为管道直径或者等效水力直径，m；γ 为流体的运动黏度，m^2/s；ρ 为管道中流体的密度，kg/m^3；u 为流体的动力黏度，N·s/m^2。实验表明，当雷诺数小于或等于 2 300 时，流体在管道中为层流；当雷诺数大于或等于 8 000 时，流体在管道中为湍流；当雷诺数大于 2 300 而小于 8 000 时，流体处于层流和湍流间的过渡区[119]。总体来讲，流体在管道中以湍流为主，处于湍流状态的流体同时沿管道轴向和径向流动，管道中各点流动状态十分不规则，流速时刻在变化，使得流体流动阻力急剧增加，附着在管壁的边界层大大减薄。

层流：指流速低于临界速度时形成的流动，流体分子的流线互相平行，互相交叉，流体层之间不发生传质的现象，此时层与层之间主要是靠传导进行传热的。

湍流：当流速超过临界流速时，流体分子质点明显出现不规则的、杂乱的运动过程。在固体壁面附近的流动边界层内，流态为层流，而在界面外界，导热、湍流同时存在。

因为湍流现象是高度复杂的，所以至今还没有一种方法能够全面、准确地对所有流动问题中的湍流现象进行模拟。在涉及湍流的计算中，都要对湍流模型的模拟能力以及计算所需系统资源进行综合考虑后，再选择合适的湍流模型进行模拟。

■ 4.2.2 流体动力学 CFD 理论及计算流体力学简介

自然界及工程领域中处处充斥着流体流动现象，所有这些现象和规律都受质量守恒、动量守恒和能量守恒等物理定律的驱使。这里对流体动力学的发展进行简单的介绍。

自 20 世纪 60 年代以来，流体动力学 CFD（Computational Fluid Dynamics）得到了快速的发展，在湍流模型、分网技术、可视化、并行计算等方面都取得了可点可圈的成绩，这给工业界带来了巨大的改变。在汽车工业中，CFD 和其他 CAE 工具一起，使新车的研发周期从以前的 10 年到现在的 3~5 年，样车从以前的上百辆减少为目前的十几辆。

在机理研究方面，如湍流的直接模拟技术，网格数量就达到了 10^9（10 亿）及以上量级，在工业应用层面，网格数也达到了 10^7（千万）及以上量级。与试验研究对比可以发现，数值计算具有速度快、成本低、信息完整等优点，特别是商业计算流体力学软件的出现，极大地减少了 CFD 研究和工程运用的工作量，在此基础上扩大了计算流体力学的应用领域，计算机技术的发展推动了流体力学的进一步发展。CFD 作为一门新兴的学科很多地方还存有不完善的地方，但随着科学技术的进一步发展它也将日渐成熟。

CFD 的基本方程包含了流体力学的质量方程、流体力学的状态方程、流体力学的能量方程、流体力学的动量方程等。湍流模型考虑流体单元的脉动速度。而脉动的基本特征表现为湍流流动。湍流模型其实质是由脉动而起的运动黏度的表达式。对模型进行模拟时选择恰当的差分格式、松弛因子、时间步长等，可减少仿真的计算时间，提高仿真精度。

4.2.3　计算流体力学

计算流体动力学是用一系列离散点上的变量几何来代替，把以前在空间域和时间域上连续的场，通过特定的算法，运用方程组将这些离散点上的场变量间的关系表示出来，最后再通过代入计算得到这些变量的近似值。

理论、CFD 仿真与试验三者相辅相成，共同促进着科学技术的发展和工程技术的进步。

理论研究是指导试验研究和验证数值计算方法的理论基础，具有普适性，一般而言理论分析的方法仅仅适用于那些结构比较简单的数值模型。

试验方法测得的数据准确性往往更高，它是理论分析和模拟仿真的基石，其意义不言而喻。历史上很多的巨大发现都是先从试验中得出的，而后经过数年的研究才得到理论的验证。

而 CFD 仿真则取众家之长，摒弃了各自之短，通过高性能计算对模型进行科学计算。例如，激波的运动、物体表面的压力分布、模型所受强度随时间的变化，涡的生成与传播，等等。另外，数值仿真的可视化模块可形象生动地再现流动场景，得到实际测试中没法看到的内部动画现象。

CFD 数值模拟的计算流程包含以下步骤。

（1）选择控制方程是求解数值问题的首先步骤。

（2）紧接着初始条件和边界条件则是控制方程有解的前提。

（3）划分网格，一个高质量的网格是数值模拟的前提。

（4）建立离散方程，如有限差分法、有限体积法、有限元法等离散方法。

（5）CFD 的初始条件是设定和设置 CFD 的边界条件。

（6）设定 CFD 计算的控制参数，如步长、收敛精度等。

（7）求解离散方程以及判断解的收敛性。

（8）试验结果显示和数据的输出，即通常所说的仿真后处理，一般是通过流线图、云图、动画、等值线云图、曲线等方式再现仿真过程和结果。

计算流体动力学离不开控制方程，流体流动要受到物理守恒定律的制约，包括质量守恒、动量守恒和能量守恒。通过数学建模方法建立流体运动平衡方程，最常见的流体控制方程为纳维-斯托克斯方程，包括一个质量守恒方程式，三个动量守恒方程式，一个能量守恒方程式，求解的未知参数包括三个方向的速度、压力以及温度[120]。

1. 质量守恒方程

质量守恒方程（continuity equation）为

$$\frac{\partial \rho}{\partial t} + \frac{\partial(\rho u_x)}{\partial x} + \frac{\partial(\rho u_y)}{\partial y} + \frac{\partial(\rho u_z)}{\partial z} = 0 \tag{4-6}$$

式中：u_x，u_y 和 u_z 分别为 x，y，z 三个方向的速度分量，m/s；t 为时间，s；ρ 为密度，kg/m³。

2. 动量守恒方程

动量守恒方程（momentum equation）包括三个不同方向的分动量，分别为 X，Y 和 Z 方向上的分动量，具体公式如下：

$$\frac{\partial(\rho u)}{\partial t} + \frac{\partial(\rho uu)}{\partial x} + \frac{\partial(\rho uv)}{\partial y} + \frac{\partial(\rho uw)}{\partial z} =$$

$$-\frac{\partial p}{\partial x} + \frac{\partial}{\partial x}\left(\mu \frac{\partial u}{\partial x}\right) + \frac{\partial}{\partial y}\left(\mu \frac{\partial u}{\partial y}\right) + \frac{\partial}{\partial z}\left(\mu \frac{\partial u}{\partial z}\right) + S_U \tag{4-7}$$

$$\frac{\partial(\rho v)}{\partial t} + \frac{\partial(\rho vu)}{\partial x} + \frac{\partial(\rho vv)}{\partial y} + \frac{\partial(\rho vw)}{\partial z} =$$

$$-\frac{\partial p}{\partial y} + \frac{\partial}{\partial x}\left(\mu \frac{\partial v}{\partial x}\right) + \frac{\partial}{\partial y}\left(\mu \frac{\partial v}{\partial y}\right) + \frac{\partial}{\partial z}\left(\mu \frac{\partial v}{\partial z}\right) + S_V \tag{4-8}$$

$$\frac{\partial(\rho w)}{\partial t} + \frac{\partial(\rho wu)}{\partial x} + \frac{\partial(\rho wv)}{\partial y} + \frac{\partial(\rho ww)}{\partial z} =$$

$$-\frac{\partial p}{\partial z} + \frac{\partial}{\partial x}\left(\mu \frac{\partial w}{\partial x}\right) + \frac{\partial}{\partial y}\left(\mu \frac{\partial w}{\partial y}\right) + \frac{\partial}{\partial z}\left(\mu \frac{\partial w}{\partial z}\right) + S_W \tag{4-9}$$

式中：u，v 和 w 分别为 X，Y 和 Z 散热方向的速度分量，m/s；S_U，S_V 和 S_W 分别为动量守恒方程的广义热源；t 为时间，s；ρ 为流体的密度，kg/m³。

3. 能量守恒方程

能量守恒方程（energy equation）为

$$\frac{\partial(\rho E)}{\partial t} + \nabla \cdot [u(\rho E + p)] = \nabla \cdot \left[k_{\text{eff}} \nabla T - \sum_j h_j J_j + (\tau_{\text{eff}} \cdot \vec{u})\right] + S_h \tag{4-10}$$

式中：E 为流体微团的总能量，J/kg，包含内能、动能和势能总和；h 为焓，J/kg；k_{eff} 为有效的热传导系数，W/(m·K)；J_j 为 j 组分的扩散通量；S_h 为包含化学反应热及其他用户定义的体积热源项。

■4.2.4 湍流模型简介

湍流模型，就是以雷诺方程为基础，依靠理论与经验的结合，引进一系列模型假设，而建立起的一组描述湍流平均量的封闭方程组。湍流模型是目前工程中常用的模型，常用的湍流模型可根据所采用的微分方程数分类为零方程模型、一方程模型、两方程模型、四方程模型、七方程模型等。以下简单介绍三种模型[121]。

1. 零方程模型——混合长度模型

零方程模型（zero equation model）是指不采用微分方程，而采用代数关系式，把湍流黏度与时均值联系起来的模型。零方程模型方案有多种，最著名的有 Prandtl 提出的混合长度模型（mixing length model）。Prandtl 假设湍流黏度 μ_t 正比于时均速度 u_i 的梯度和混合长度 l_m 的平方，对于二维问题，则有：

$$\mu_t = l_m^2 \left| \frac{\partial u}{\partial y} \right| \tag{4-11}$$

湍流切应力为

$$-\rho \overline{u'v'} = \rho l_m^2 \left| \frac{\partial u}{\partial y} \right| \frac{\partial u}{\partial y} \tag{4-12}$$

式中：混合长度 l_m 由经验公式或实验确定。

混合长度模型具有直观、简单的特点，只需一般的纳维-斯托克斯方程即可进行数值计算，计算量少且节省时间，对设计流场模块很有帮助，缺点在于较不适用于三维复杂的紊流流场。

2. 两方程模型——标准 $k-\varepsilon$ 模型

标准 $k-\varepsilon$ 模型（$k-\varepsilon$ model）又称线性 $k-\varepsilon$ 模型，是典型的两方程模型（two equation model）。它与混合长度模型的主要的区别在于，标准 $k-\varepsilon$ 模型在推导过程中将湍流黏度 μ_t、湍流动能 k 以及湍流耗散 ε 皆列入计算，并强调湍流动能 k 对整体流场所造成的影响，是由 Launder（1972）所提出的半经验公式。

在该模型中，湍流耗散率 ε 被定义为

$$\varepsilon = \frac{\mu}{\rho} \overline{\left(\frac{\partial u_i'}{\partial x_k} \right) \left(\frac{\partial u_j'}{\partial x_k} \right)} \tag{4-13}$$

将湍流黏度 μ_t 表示成 k 和 ε 的函数，有

$$\mu_t = \rho C_u \frac{k^2}{\varepsilon} \tag{4-14}$$

式中：C_u 为经验常数。

在标准 $k-\varepsilon$ 模型中，k 和 ε 为两个基本未知量，当流动为不可压，且不考虑用户自定义的源项时，与之对应的输运方程为

$$\frac{\partial(\rho k)}{\partial t} + \frac{\partial(\rho k u_i)}{\partial x_i} = \frac{\partial}{\partial x_j}\left[\left(u + \frac{u_t}{\sigma_k}\right)\frac{\partial_k}{\partial x_j}\right] + G_k - \rho\varepsilon \tag{4-15}$$

$$\frac{\partial(\rho\varepsilon)}{\partial t} + \frac{\partial(\rho\varepsilon u_i)}{\partial x_i} = \frac{\partial}{\partial x_j}\left[\left(u + \frac{u_t}{\sigma_\varepsilon}\right)\frac{\partial_k}{\partial x_j}\right] + \frac{C_{1\varepsilon}\varepsilon}{k}G_k - C_{2\varepsilon}\rho\frac{\varepsilon^2}{k} \tag{4-16}$$

式中：G_k 为由平均速度梯度引起的湍动能 k 的产生项，其计算式为

$$G_k = \mu\left(\frac{\partial u_i}{\partial x_j} + \frac{\partial u_j}{\partial x_i}\right)\frac{\partial u_i}{\partial x_j} \tag{4-17}$$

$C_{1\varepsilon}$、$C_{2\varepsilon}$、C_u、σ_k、σ_ε 为标准 $k-\varepsilon$ 模型的模型常数，根据 Launder 等的推荐值和后来的试验验证，取值如表 4.1 所示。

表 4.1 标准 $k-\varepsilon$ 模型常数取值

$C_{1\varepsilon}$	$C_{2\varepsilon}$	C_u	σ_k	σ_ε
1.44	1.92	0.09	1.0	1.3

标准 $k-\varepsilon$ 模型比起混合长度模型有了较大改进，在工程实际和科学研究中应用广泛，但当处理强旋流、弯曲流线流动、弯曲壁面流动等时，结果有一定的失真。因此，很多学者提出了标准 $k-\varepsilon$ 模型的改进方案，其中最有代表性的是 RNG $k-\varepsilon$ 模型。

3. RNG $k-\varepsilon$ 模型

RNG（RNG-$k-\varepsilon$ model）$k-\varepsilon$ 模型是近代由 Yakhot 和 Orszag 以及 Spziale 所建立的非线性 $k-\varepsilon$ 模型，目的在于使 $k-\varepsilon$ 模型更加精准化。RNG $k-\varepsilon$ 模型和标准 $k-\varepsilon$ 模型有相同的求解方程，但以更精确的统计模型再次推导雷诺平均方程。与标准 $k-\varepsilon$ 模型相比，RNG $k-\varepsilon$ 模型主要的改进有：对湍流黏度进行了修正，考虑了流动中的旋转及旋流流动的影响；在 ε 方程中增加了一项 E_{ij}，以反映主流时均应变率，使得 RNG $k-\varepsilon$ 模型中的产生项不仅与流动情况有关，而且还是空间坐标的函数；对于 prandtl number 常数用分析公式加以修正，如表 4.2 所示。

表 4.2 RNG $k-\varepsilon$ 模型常数取值

$C_{1\varepsilon}$	$C_{2\varepsilon}$	C_u	σ_k	σ_ε
1.44	1.92	0.09	1.0	1.3

以上几点使得 RNG $k-\varepsilon$ 模型可以更好地处理高应变率及流线弯曲程度较大的流动。计算流体力学对于求解目前的湍流流场问题，大多数都以 $k-\varepsilon$ 模型来求解公式，而目前各类型 $k-\varepsilon$ 模型求解公式的主要差异在于边界条件的给定与 $k-\varepsilon$ 模型常数的修正，如表 4.3 所示。

表 4.3 标准 k-ε 模型与 RNGk-ε 模型的比较

模型名称	优　点	缺　点
标准 $k-\varepsilon$ 模型	应用普遍，计算量适中	对于流向有曲率变化、有旋问题等，复杂流动模拟效果不是很好
RNG $k-\varepsilon$ 模型	模拟射流撞击、弯曲壁面流动、旋流等复杂流动	受到涡旋的黏性各向同性的假设限制

4.3 冷却方式简介

电机控制器散热器能够稳定运行离不开外界环境对其进行散热。一般而言，根据散热方式的不同，可以分为被动式散热与主动式散热。所谓被动式散热，是指通过散热片将热源所产生的热量自然散发至空气中；而主动式散热，则是由散热设备将热量强制性地带走。前者散热效果有限，目前市面上所采用的散热技术，如风冷、液冷式模块，都属于主动式散热。

4.3.1 风冷散热

散热方式的选择和散热器的应用与电子元器件的封装和发热功率有绝对关系，因此必须配合电子元器件的封装和规格要求。目前散热技术与散热产品有散热片、热管、风扇、液冷式冷却器及微型冷却器等，常用的风冷散热模块组件如下。

1. 散热片

散热片是散热模块中最为基础的一项运用。虽然设计上有许多不同，但基本原则都是设计成多排"凹"字形并列，其目的在于增加散热面积以提高散热效率。通用的做法是让散热片与风扇相互搭配来提升效能。以常见的计算机中央处理器芯片的散热为例，芯片首先通过散热膏与散热片黏合，然后在散热片上方加装风扇，以此来进行加速散热[122]。同样的，热导管技术，也依然需要与散热片搭配，热导管一端接触微处理器芯片的封装表面，另一端接触散热片，通过散热片将热量散发出去。

在散热片材质的选择上，通常是采用铜或铝。如果不考虑铜和铝的成本，铜的热传导系数要优于铝，铜为 3 837.6 W/(m·K)，铝则为 209 W/(m·K)，很明显铜比铝多出 85.4% 的热传导效益，因此在理论上铜比铝更适合作散热片。但是，热传导性并非是选择散热金属的唯一考虑因素。铜的缺点在于加工不易，不仅加工方式的选择受限，且在铜、铝都可用的加工方式下，铜对加工器具的磨损较大，加工时间也较长。此外，铜的重量是铝的 3 倍，而在今日多数的电子设计都讲究短小轻薄，铜的重量也成为选用时的一大考虑因素。目前一般做法是实行重点使用或搭配使用，如散热片的底部在接近发热处选用较好的热传导性材质，因此底部可采用铜，使热量得以更快扩散到各翅片上，而底部之外的翅片就可采用较轻、塑性高且加工较易的铝材。

2. 热管

热管于 1964 年诞生在美国洛斯·阿洛莫斯国家实验室。作为一种无噪声的散热技术，热管散热器于 20 世纪 80 年代开始用于电子设备的散热，近几年来在个人计算机中得到广泛应用。

热管本身是一个密闭的长条管状容器，主要由三个构件所组成：密闭容器、毛细结构及工作流体。管壁内部采用微处理加工技术使其管壁表面具有"毛细结构"，而热管内部又可分为三个部分，分别为蒸发段、绝热段及凝结段。

热管原理：管内工作流体吸收管壁的热量而汽化成蒸汽，并驱动蒸汽从绝热段到凝结段移动，再在凝结段释放热量而凝结，然后由毛细结构与张力作用使工作流体回流而至蒸发段，如此循环不止。这种热量由热管一端传到另外一端的循环是快速进行的，因此热量可以被迅速地传导出来[123]。

目前在材质方面多选择铜和铝，尤其是铜和无氧铜作为主要选项，事实上热管效能的主要区分方法在于毛细结构的加工技术，现阶段常见的毛细结构有沟槽式、网目式、纤维式及烧结式，其中又以烧结式为最佳。而在工作流体的选择上，除了水之外，其他常见的工作流体有甲醇和乙醇等。

3. 风扇

散热片和热管都是靠本身的物理性质进行散热的，都属于主动式散热装置，而风扇则因另需电源驱动，属于被动式散热装置。一般风冷散热模块中的风扇，通常配合散热片使用，目的是通过风扇提高散热片肋片间的热对流速度，从而能将散热片所传导的热能迅速排出。

风扇在结构上较散热片和热管复杂，其组成包含了风扇叶片、外框、定子总成、转子和驱动电路等。选用风扇时有许多考虑因素：一方面考虑散热效率，一般来说风扇转速越高则散热能力越佳；另外一方面考虑风扇的可靠度，也就是风扇在一般情况下连续运转的寿命；另外还需考虑噪声问题，风扇转速越快，噪声往往也越大，若要消除噪声却又能维持高转速，可在轴承和扇叶设计方面变更：如以磁浮轴承替代滚珠轴承，但是成本大幅增加；此外，应轻和薄的趋势，小型化的风扇也是目前发展的主要方向之一[124]。

风冷散热设计的优点如下。

（1）与目前电子产品兼容性高。

（2）散热系统较简单，辅助设备较少。

（3）可靠度高。

（4）设备与维护成本低。

（5）可结合热管搭配使用。

然而也有许多无法克服的缺点，列举如下。

（1）体积占用空间大。

（2）风扇转速提升，轴承磨耗加快，可靠度降低。

（3）风扇旋转与空气摩擦产生音切，造成噪声困扰。

（4）散热效能有限。

若电子元器件的发热功率较高，为了使其能稳定可靠地工作，应考虑液冷式散热。

4.3.2 液冷散热

一般液冷式散热系统的基本组成包括散热器、冷却液、马达、胶管和水槽以及热交换器等。水槽里的工作流体由马达加速，流过电子芯片上方的散热器，通过散热器的热传导与工作流体的热对流带走电子芯片所产生的热量，然后将带出的热量排到空气中并回流到水槽，构成一个封闭式的循环系统[125]。以下介绍液冷式散热模块的各组件功能和用途。

（1）冷却液：通常选择去离子水作为冷却液，在于方便取得且不需耗费成本，但由于液冷式散热模块可能会有冷却液外漏导致电子系统严重受损，因此，部分学者选用去离子水或者其他不具导电性的液体代替。

（2）散热器：液冷式散热模块中的关键性组件之一，材质的选择及流道几何设计都是决定液冷式散热模块散热效果的重要因素。

（3）热交换器：通常都是结合热管与风扇搭配使用，风扇转速可以不需达到风冷式散热风扇那样的高转速，其目的在于将冷却液带出的废热散至外界空气中。

（4）马达：用来带动系统中冷却液的循环，有陆用马达与沉水马达两种，通常选用沉水马达以降低噪声问题。

将液冷式散热模块的优点归纳如下。

（1）运转无噪声问题：工作流体将热量传至热交换器，通过热交换器将废热排到外界空气中，免去了高转速的风扇造成的高分贝噪声问题，甚至可将噪声降至 30 dB 以下。

（2）导热效能佳：利用冷却液直接冲击热源附近的冷却方式可迅速降温，并且传统式风冷由空气作为散热介质，而空气导热系数仅约为 0.026 7 W/(m·K)，远远低于水的导热系数 0.61 W/(m·K)，因此将水作为冷却介质的效果比空气要好很多。

（3）体积轻薄短小：液冷式散热器通常比风冷式散热器要轻薄短小，减少了散热组件所占空间，如此一来给其他的电子元件和机械结构留下了足够的空间。

（4）机壳内部环境温度影响小：传统风冷式散热是先将电子芯片所产生的废热散到机壳内部，再通过电源风扇排到外界，因此机壳内部环境温度会有所提升，不利于内部的所有电子元件的使用寿命；而液冷式散热是利用冷却液将废热带到机壳外部，通过交换器将热量排到外界，不会升高机壳内部的环境温度。

▌4.3.3　热阻与压降

通常以热阻（thermal resistance）来判定一个散热器的散热性能，即散热器冷却效果的好坏。热阻是类比电路中电阻的特性，热阻越小表示散热器的散热能力越强，散热效果越好。可以用电路类比来了解热阻的概念，热量、温差和热阻分别相当于电路中的电流、电压和电阻[126]。转换后的等效电路如图 4.1 所示。

图 4.1 中，W 为发生损耗；T_j 为芯片温度；T_c 为模块外壳温度；T_f 为散热器表面温度；T_a 为周围温度；$R_{\text{th(je)}}$ 为结壳与外壳间的热阻；$R_{\text{th(cf)}}$ 为外壳与散热器间的热阻，$R_{\text{th(fa)}}$ 为散热器与周围间的热阻。

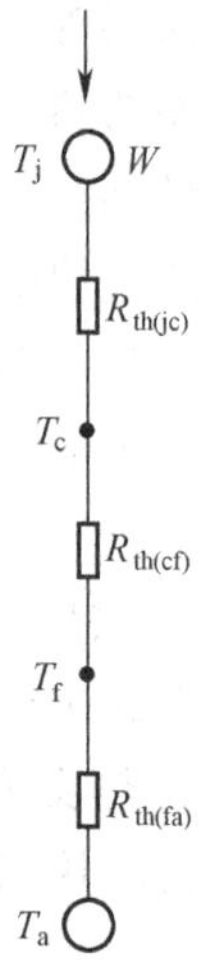

针对水冷散热器而言，可以建立一维热传导公式来说明各个组件之间热阻值的大小，从而明确各部分对整体热阻的影响。定义温差 $\Delta T = T_{\max} - T_{\text{in}}$ 来求热阻值，T_{in} 为散热器入水口的温度，$T_{\max}$ 为散热器与 IGBT 表面接触点的最高温度，Q 为 IGBT 芯片的发热功率。

$$
\begin{aligned}
R &= \frac{T_{\max} - T_{\text{in}}}{Q} \\
&= R_{\text{th. cont}} + R_{\text{th. cond}} + R_{\text{th. conv}} + R_{\text{th. cal}} \\
&= R_{\text{th. cont}} + \frac{d}{\kappa A_{\text{chip}}} + \frac{1}{h} + \frac{A_{\text{channel}}}{mC_p}
\end{aligned} \tag{4-18}
$$

图 4.1　热阻的等效电路

（1）$R_{\text{th. cont}}$（接触热阻）：通过选择导热系数较高的散热硅脂，即所谓的热表面材质，可减少接触间隙，进而降低接触热阻值。接触热阻值的大小受很多因素的影响，通常取散热硅脂的热阻值，约为 0.03 ℃/W。对于本书的水冷散热器而言，对散热效果的影响较小，并非本书探讨的对象，为了简化计算和求解过程，选择将其忽略。

（2）$R_{\text{th. cond}}$（传导热阻）：d 为散热器底板的厚度，κ 为导热系数，A_{chip} 为散热器与芯片的接触面积，因此选择导热系数较高的材料做散热器，或者降低散热器的厚度皆可降低传导热阻。

（3）$R_{\text{th. conv}}$（对流热阻）：通过散热器的流道设计，可以增加对流面积或减少流场的回流和滞流现象，达到降低其对流热阻的目的。

（4）$R_{\text{th. cal}}$（热量热阻）：m 为体积流率，C_p 为冷却流体的比热，A_{channel} 为流道的总面积。因此可通过选择比热较高的流体作为冷却流体或提高体积流率，来降低其热量热阻。

对本书水冷散热器而言，散热器的热阻是指散热器与周围环境之间热释放的"阻力"，它是衡量散热器散热能力的量具。热阻越小，则散热器的散热能力越强。

$$R_{\text{th}} = (T_{\max} - T_{\text{in}})/Q \tag{4-19}$$

式中：R_{th} 为散热器的热阻，K/W；$T_{\max}$ 为散热器表面的最高温度，K；T_{in} 为散热器入水口的温度，K；Q 为 IGBT 芯片的发热功率，W。

散热器内部流体压降指的是在风道或水路系统中，冷却流体在两段规定点的压力差[127]。

$$P_{\text{f}} = P_{\text{in}} - P_{\text{out}} \tag{4-20}$$

式中：P_{f} 为散热器流体内部流体的压降，Pa；P_{in} 为散热器入水口的压强，Pa；P_{out} 为散热器出水口的压强，Pa。

4.4　功率模块 IGBT 分析

功率模块 IGBT 模组损耗一般包括 IGBT 模块和续流二极管损耗的总和。IGBT 模块的损耗一般按照稳态损耗和开关来计算。稳态损耗可通过输出特性进行计算，而开关损耗可通过集电极电流特性来计算，如图 4.2 所示。

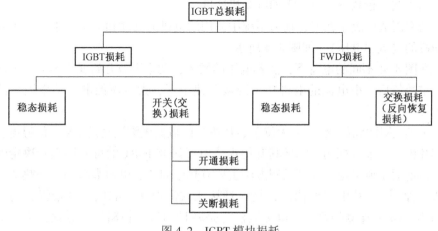

图 4.2　IGBT 模块损耗

IGBT 失效机理有很多种，这里我们只介绍由于温度引起的失效。根据计算公式我们可以得到 IGBT 热损失：

$$P = f[I_L, V_{DC}, m, \cos(\varphi), f_S, T_J] \tag{4-21}$$

式中：I_L 为电流；V_{DC} 为电压；m 为调制指数；$\cos(\varphi)$ 为功率因数；f_S 为工作频率；T_J 为结温。

式（4-21）中表明，功率热损失和电动机控制器的电流、电压、调制指数、功率因数、工作频率和结温有关。

可以通过调制指数描述电动机速度和电流的函数。当计算 IGBT 和二极管损耗时，必须考虑这一点，对于低调制指数，IGBT 和二极管之间的损耗更均匀地共享，如图 4.3 所示。

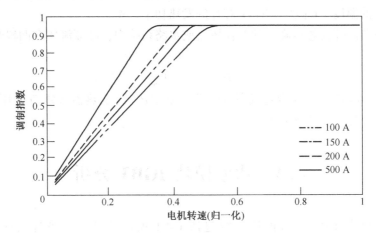

图 4.3　电动机速度和电流的函数的调制指数

从图 4.3 中可以看出，电动机速度不变的条件下，电流越大，调制指数越大，同一调制指数下，电流大的电动机速度大。

功率因数取决于在混合动力系统中使用的电机的尺寸和类型（本质上关系到电动机的电流和电压），如图 4.4 所示。

在图 4-4 不同的电流下，随着电压的增大，功率因数开始变化不大，电压达到一定数值后，小电流的电机功率因数急速下降，大电流的电机功率因数波动不大。

IGBT 芯片结温一般定义为位于芯片边缘区域栅极沟道附近 PN 结的温度，位于芯片内部，准确探测、掌握其变化规律对于研究 IGBT 的可靠性起着决定性作用。目前通常所采用的温度探测方法主要有热电偶法、电参数法和红外热成像探测法三种[128]，其中热电偶法，是一种接触式测温法，响应速度较慢，达不到 IGBT 结温实时探测的要求；电参数法，是一种间接的粗略估算方法，无法满足测试 IGBT 结温的精度要求；红外测温法，是一种非接触式测温法，精度高、探

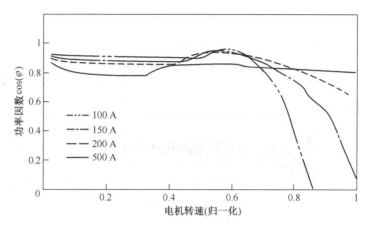

图 4.4　电动机速度和电流的函数的功率因数

测速度快；红外相机测得的是芯片的表面温度，通过修正即可得到芯片结温。因此，红外热成像测温法适用于研究 IGBT 芯片结温。图 4.5 所示为使用红外成像测温技术测得的 IGBT 各芯片结温温度。

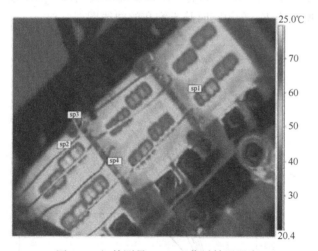

图 4.5　红外测量 IGBT 工作时结温温度

图 4.6 所示为 IGBT 负载温度的瞬态阶跃响应。

从图 4.5 和图 4.6 可看出，IGBT 功率模组主要在 IGBT 模块芯片内部 PN 结的温度，而且温度分布极为不均匀。所以要使功率模组 IGBT 能够长时间有效稳定地运行，其散热主要是对功率模块散热。

功率模块 IGBT 作为开关器件，其稳定性（不失效）一直是企业关心的问题。对于功率模块 IGBT 的失效，原因一般都是器件在开关过程伴随着电压与电流的过冲，这样极大影响了逆变工作可靠性和效率。为解决以上问题，过电压保

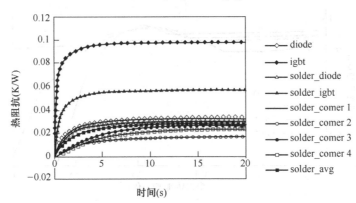

图 4.6　IGBT 负载温度的瞬态阶跃响应

护、过电流保护、安装程中的静电保护、过热等措施被积极采用。众所周知 IGBT 模块的损耗来源于内部 IGBT 模块和二极管（续流 FWD、整流）芯片的损耗。不管任何工况下，IGBT 的安全工作必须确保其结温 T_J 不超过最高允许温度 T_{Jmax}。图 4.7 所示为 V_{CE} 在短路时趋于饱和的曲线图。

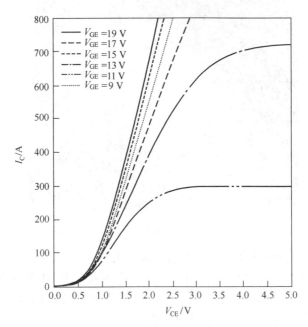

图 4.7　IGBT 的工作曲线：V_{CE} 在短路时趋于饱和

从图 4.7 中可以看总结出以下几点。

（1）V_{GE} 确定 IGBT 的最大电流。

（2）当 V_{GE} 恒定时，V_{CE} 将随电流缓慢增加，IGBT 稳定运行。

（3）当电流接近最大值（饱和）时，V_{CE} 将迅速增加，IGBT 的功耗将迅速增加并导致其烧毁。

（4）当 V_{GE} 保持不变时，我们需要检测 V_{CE} 以防止其饱和。

（5）当 $V_{GE} = 15$ V 时，$V_{CE} = 5.5$ V 意味着饱和，阈值可以设置为 9 V。

4.5　本 章 小 结

本章首先阐述了传热学和计算流体力学的基本理论知识，包括三种常见的热传递方式以及流动状态的判断。之后研究了计算流体动力学软件（CFD）的控制方程式、常用的湍流模型并研究了两种冷却方式（风冷和液冷）以及判断散热器冷却效果好坏的标准（热阻和压降）。最后对功率模块 IGBT 进行了简单的分析。

第 5 章

IGBT 模块的剩余使用寿命预测与健康管理

视情维修（condition based maintenance，CBM）是基于事后维修与定期维修而诞生的一种新的维修理论，准确地对设备或系统实施故障预测，是 CBM 的重要内容。本章将故障预测与健康管理应用到 IGBT 领域，主要分析不同类型的故障预测方法，并进行对比分析，结合电机控制器核心部件 IGBT 模块的故障情况，从而选择适合其预测的方法。

5.1　IGBT 的 PHM 技术架构设计

故障预测与健康管理（PHM）技术通过以下四条技术途径实施：基于内建"故障标尺"的实施途径；基于失效物理（PoF）的实施途径；基于数据驱动的实施途径；基于融合的实施途径。监测参数的失效标准如表 5.1 所示。图 5.1 给出了 PHM 实施的各个阶段，主要包括两个阶段[129]：在线实施阶段和离线实施阶段。在线实施阶段具体包括从传感器获得采集到的数据、信号预处理、从预处理后的信号中提取最有利于确定产品当前状态或故障条件的特征、故障检测与分类、预测故障的演化，并安排所需的维修活动。而离线实施阶段则包括实

表 5.1　监测参数的失效标准

健康特征因子	符　　号	退化百分比/%
发射极−集电极饱和压降	V_{CE}	5
门极−发射极阈值电压	V_{GE}	20
集电极电流	L_{on}	20
结温	T_j	20
门极饱和电流	I_G	20
热阻抗 V	Z_{th}	20

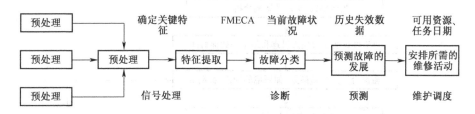

图 5.1　PHM 实施的各个阶段

施在线阶段之前就必须先期开展的相关背景研究，如确定哪些特征对产品的健康状态评估是最重要的、FMECA、对产品历史故障数据的收集，以及有关执行维护活动所需资源的信息。

5.1.1　基于失效物理的 IGBT 损伤评估方案

IGBT 模块寿命必须提前预测，进而来设计具有高可靠性的变流器，通过寿命预测模型可以估计一个器件在特殊操作运行环境下的寿命期望，IGBT 灾难性的失效的预测模型通常考虑长期退化，由于温度、电压、电流、振动、湿度、宇宙辐射等非灾难性失效等因素导致的缓变失效，这一部分主要介绍寿命预测模型和结温估计方法相结合来预测剩余寿命。寿命预测模型可以分为经验模型和基于物理的模型。

产品的生命周期载荷由制造、存储、使用组成。单一或多种生命周期负载会导致产品的性能或物理退化并减少其服役寿命（表 5.2）。产品退化的程度或速率取决于这种负载的幅值和持续时间，如速率、频率、严重度等。如果能在线测量这些生命周期载荷并结合损伤模型，则可以进行累积损伤评估。马里兰大学 CALCE 研究团队的 Ramakrishnan 和 Pecht 教授对评估生命周期使用和环境负载对电子结构和元件的影响进行了研究，研究了生命消耗监测理论（LCM）：通过结合在线测量环境条件及载荷、基于物理的应力损伤模型来评估产品的剩余寿命。即提出了一种基于失效物理（PoF）的寿命消耗监测 PHM 系统[130]，具体流程如图 5.2 所示。

这种方法主要由三步组成。第一步，对元器件进行失效模式和效果分析来识别其主要失效机理，然后基于这些信息在其应用环境中选择一些环境和操作参数进行监测；第二步，基于雨流计数法对收集的传感器数据进行简化来使其适应损伤模型和预测算法；第三步，分析其应力和累积损伤并结合物理失效模型进行产品的剩余寿命预测，PHM 方法考虑了产品全生命周期的使用和环境负载状态对电子产品剩余寿命的影响，通过几种事例的研究证明了这种理论[1131-132]。

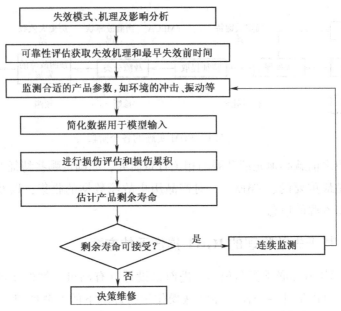

图 5.2 PHM 实施的各个阶段 CALCE 寿命消耗监测方法

表 5.2 生命周期负载举例

负　　载	负　载　状　态
热	稳态温度、温度变化、温度循环次数、温度变化率、温升速率、损耗
机械	压力幅值、压力斜率、振动、冲击负载、声级、应变、压力
化学	积极与惰性环境、湿度水平、污染、燃料泄漏湿度等级、臭氧
物理	辐射、电磁干扰、海拔
电	电流、电压、功率、电阻

图 5.3 所示为基于物理失效（PoF）的累积损伤评估架构图，首先分析器件的物理、电热或应力模型，其次分析其任务曲面（或载荷），最后将二者联合求解并代入老化损伤模型求出器件的损伤度（寿命消耗），进而得出其剩余使用寿命（RUL）。

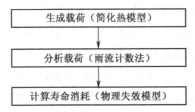

图 5.3 基于物理失效的累积损伤评估架构图

针对 IGBT 器件的 RUL 预测，可以通过功率循环老化实验来对其进行加速老化损伤，基于失效物理（PoF）的 IGBT 损伤评估流程，如果单纯考虑结温对其老化损伤，则首先应建立包含 IGBT 结温相关的损伤模型；然后分别分析 IGBT 器件的电热模型并计算功率损耗，进而获得 IGBT 器件结温随时间的变化关系；继而通过雨流计数法提取 IGBT 结温波动的特征信息；最后代入前面老化损伤模型计算出 IGBT 的累积损伤度，进而求出其剩余有效寿命。

5.1.2　基于数据驱动的 IGBT 损伤评估方案

基于数据驱动的故障预测方法和历史状态数据信息，从统计和概率角度来对系统的健康状况与可靠性进行推断、估计和预测的方法称为基于数据驱动的 PHM 方法。它的基本思想是通过对系统历史信息的学习来掌握健康系统和非健康系统的表现行为的差异，从而实现对系统将来状态的预测。

基于数据驱动进行故障预测的典型方法有时间序列分析、神经网络预测、隐马尔可夫模型预测、灰色模型预测和支持向量机方法等[133-134]。

基于数据驱动的故障预测是一个数据采集、特征提取、趋势预测、故障识别的过程，如图 5.4 所示。

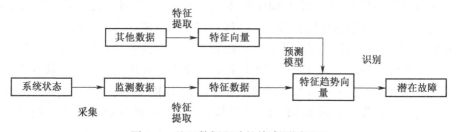

图 5.4　基于数据驱动的故障预测过程

基于数据驱动的 PHM 方法通用流程如图 5.5 所示，在实际的工程实践中，基于数据驱动的 PHM 技术主要用在产品的实际使用阶段，它以系统处于"健康"时的数据作为训练数据，以实际使用过程中的实时数据作为测试数据，利用各种统计方法和机器学习的方法对这些数据进行处理与分析，检查测试数据的特征与训练数据的特征之间的退化或差异情况，从而实现对系统健康状况评估、故障诊断及寿命预测。基于数据驱动的 PHM 技术可以分为以下三个步骤。

（1）信号预处理和特征提取。将监测到的状态数据进行信号预处理，如图 5.5 所示，如信号降噪，时频特征分析及提取，或主成分分析进行特征降维，等等。

（2）健康评估和诊断。将第一步所提取的包括健康特征和故障特征分别对模型进行学习训练或者进行聚类分析、模式识别等，进行结合当前监测的状态数据进行健康评估和诊断。

（3）潜在故障识别或 RUL 预测。利用监测及诊断的历史特征数据对预测模

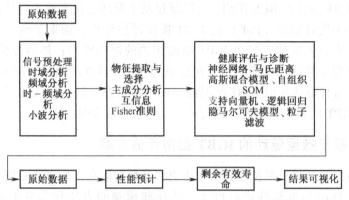

图 5.5　基于数据驱动的 PHM 方法通用流程

型进行训练学习，找出特征参数或健康指标的发展趋势，进而预测出系统未来可能发生的故障或系统的剩余寿命。

　　基于数据驱动的 IGBT 故障预测的关键技术主要包括特征参数提取和预测方法[135]。特征参数提取方法是准确获取 IGBT 故障特征的关键技术，而预测方法是获取故障特征参数变化趋势的关键技术。健康因子的获取是预测的关键，健康因子可以是监测的信号，如（IGBT 的 $V_{ce(on)}$ 参数），也可以是多信号的特征融合。特征参数的提取包括监测信号的选择和特征的分析计算两方面，前者决定了对传感器等信号监测设备的要求，后者决定了分析计算的空间和时间复杂度。预测方法主要包括算法的选择及其参数的设置，两者直接决定了特征参数变化趋势的准确性及预测数据的可靠性。基于数据驱动的 IGBT 故障（寿命）预测流程如图 5.6 所示。首先，根据 IGBT 的失效机理，设定其特征参数随时间的退化趋势；

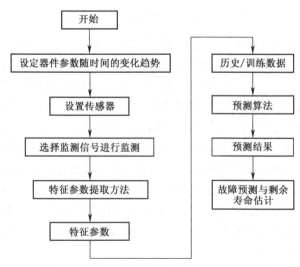

图 5.6　基于数据驱动的 IGBT 故障预测流程

然后，通过分析趋势选择传感器，进而监测合适的信号。

根据测量信号与特征参数之间的关系，选择适当的特征计算特征参数；重复上述过程，监测一段时间内若干时刻点特征参数值，作为预测的训练样本；利用预测算法进行建模，得到特征参数的变化趋势并对未来时刻进行预测；最后，对预测结果进行分析，实现故障预测与剩余寿命估计。

5.1.3　基于多信息融合的 IGBT 健康管理方案

实施故障诊断与健康管理的目的在于检测产品退化和预测无故障工作时间。数据驱动方法利用实时监控的参数数据，而失效物理（PoF）方法则利用对系统的建模进行预测。使用数据驱动和 PoF 方法开展 PHM 都有各自的优势与局限。实际上，可以把 PoF 和数据驱动技术相结合，这种融合方法可以充分利用每种方法的优势来实现 PHM 的目标，如故障诊断、预测剩余寿命及更加准确地分析故障根源问题等。PoF 方法利用产品生命周期载荷条件、几何及材料性质的相关知识来确定潜在故障机理，并估计其剩余有效寿命（RUL）。PoF 模型用于针对生命周期载荷条件下的特定故障机理来估计 RUL；数据驱动型预测方法利用当前或历史数据，从统计和概率的角度来估计剩余寿命。在产品的运行和环境数据中检测产品的异常、趋势或模式，以确定产品的健康状态，因此该方法需要对环境和运行载荷及产品参数进行实时监控。这两种方法往往单独用于 PHM 实施，但每种方法都有其各自的优势和局限性，如表 5.3 所示。

表 5.3　生命周期负载举例

PoF 方法	数据驱动方法
优点：①可对已知载荷条件和故障机理进行损伤估计；②确定重要组件；③估计不同载荷条件下的剩余寿命；④预测非工作条件下或产品参数不可监控情况下的剩余寿命	优点：①可检测故障和间隙性表现；②降维；③可用于无产品特定信息及 PoF 模型不可用的情况
缺点：①无法检测产品的故障或间隙性表现；②如果存在交互的故障机理，难以估计剩余寿命	缺点：①无法区分不同故障模式或机理；②如果没有产品参数的完整历史信息，难以完成 RUL 估计

用于 PHM 的融合方法就是将数据驱动方法和 PoF 方法相结合进行预测，以利用各自的优势来实现 PHM 系统的所有目标，克服了单一方法的局限性。下面分别对两种融合方法，即从数据驱动到 PoF 的融合方法和从 PoF 到数据驱动的融合方法进行阐述。

1. 数据驱动到 PoF 的融合方法

数据驱动方法能够提供诊断功能，而 PoF 方法则有助于确定故障根源。先用数据驱动、再用 PoF 方法的流程如图 5.7 所示。该融合方法将数据驱动方法用于异常检测，以检测产品的早期退化，然后将 PoF 方法用于估计剩余寿命，并确定故障阈值。

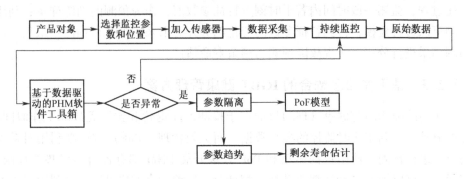

图 5.7　从数据驱动到 PoF 的融合方法流程

2. 从 PoF 到数据驱动的融合方法

PoF 方法有助于确定系统的潜在关键失效位置并提供参数的阈值，而数据驱动方法能够进行健康状态评估及剩余寿命预计。先用 PoF、再用数据驱动的流程如图 5.8 所示。该融合方法将 PoF 用于确定关键失效位置及故障阈值，将数据驱动方法用于健康评估及剩余寿命预测。

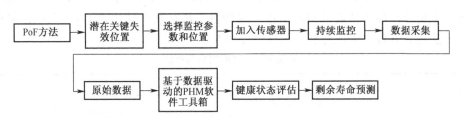

图 5.8　从 PoF 到数据驱动的融合方法流程

综合以上方案的分析和讨论，归纳总结了对 IGBT 的关于 PHM 技术的研究方案。

5.2　IGBT 故障预测方法

故障预测的核心问题是要选取合适的预测方法。针对故障预测，不同领域的专家学者提出了不同的预测方法，缺少一致性和统一性[136-141]。本书提出的故障预测方法大体分为以下几个部分：基于统计分布（statistical-distribution）的故障预测方法、基于模型（model）的故障预测方法以及基于数据驱动（data-driven）的故障预测方法。

■5.2.1   基于统计分布的故障预测方法

基于统计分布的故障预测方法不需要像基于模型的故障预测方法那样需要熟知系统的模型信息。该方法主要依据的是发生故障的概率密度函数（probability density function）。概率密度函数的获取是不需要知道系统模型信息的，主要是通过对数据进行统计计算而获得的。通常故障的概率密度函数对于预测故障有着不错的性能。基于这种方法的故障预测可以得到一个置信度的指标，该指标可以衡量预测的准确度。

该方法是利用已经获得原始数据及历史信息，拟合威布尔分布等其他机理失效分布，当可靠度[142]达到预设区域时，即可认定该系统失效。通过这些信息，评价系统目前的可靠度，从而计算出预测结果，如图 5.9 所示。因其需要的信息相对较少，所以适用范围很广，但是预测精度较低。典型的基于统计分布的故障预测包括回归预测法、时间序列分析法、主成分分析等。

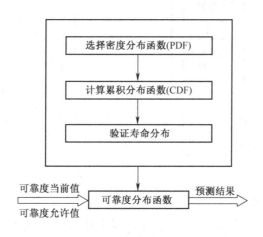

图 5.9   基于统计分布的故障预测方法

"浴盆曲线"便是以该预测技术上最为著名的概率密度函数表示。该曲线呈现的是系统从运行初期一直到失效阶段整个过程中的可靠性变化及易出现故障的区域。"浴盆曲线"主要可划分为三个区域：早期故障区域（易发生故障阶段），偶然故障区域（稳态工作阶段）和耗损故障区域（故障率极低阶段）。设备的生产任务、工作特性乃至稳态运行过程中可能出现的故障等因素，所有的这些都会影响概率密度函数，从而影响预测结果，进而增加该预测方法的复杂性。

基于统计分布的故障预测方法一般均需大量的历史故障数据支撑，考虑到电机控制器核心部件 IGBT 模块高可靠性以及高速发展，其历史故障数据较难获取或者基本没有，使得基于统计分布这类故障预测方法在 IGBT 模块中很难得到应用。

▊5.2.2 基于模型的故障预测方法

基于模型的故障预测需要对所预测的设备非常熟悉，并能够通过理论知识以及实验数据推导出拟合度非常高的机理退化模型。这个模型可以很好地反映出被预测对象观测参数的演变过程，这样才能准确地预测故障何时发生。基于模型的故障预测方法是一种动态建模的预测方法，具有深入研究对象系统的特性，实时故障诊断、预测精度高等优点，但由于建模过程很复杂，适用范围相对比较小，如图 5.10 所示。

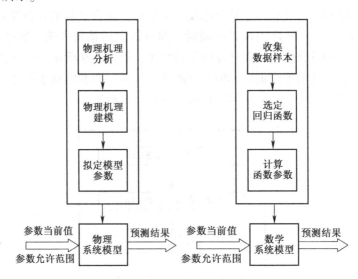

图 5.10　基于模型的预测方法

建立模型的步骤如下。

（1）首先假定退化参数与一个或者多个环境变量或者内部变量为增函数（减函数）。

（2）了解探究退化参数的分布与可靠性变量的关系。

（3）通过实验或者数学模型进行参数估计。

（4）反复验证，分析所建立模型与实际值的误差，并优化模型。

20 世纪 90 年代初，LESIT 项目利用一些从大型器件供应商得到的各种 IGBT 功率模块，经过了一系列加速实验，总结了 Coffin-Manson 解析模型，将 IGBT 器件的平均结温与结温的变化幅度纳入了考虑范围：

$$N_{\mathrm{f}} = a\left(\Delta T_j\right)^{-n} \mathrm{e}^{E_{\mathrm{a}}/\left(kT_{\mathrm{m}}\right)} \tag{5-1}$$

式中：k 为波尔兹曼常量；参数 a，n 及激发能量常数 E_{a} 能够通过仿真或者实际测试获取。

上述模型说明器件使用寿命同时受到平均结温与结温波动幅度的影响，但是如今器件的制作工艺正不断改进，对此相关的研究也不断深入，发现影响器件使用寿命的因素不仅只有温度，还包括实验循环频率、冷热交替时间等。因此业界又总结出了 Norris-Landzberg 寿命模型[143]：

$$N_f = Af^{-n_2} \left(\Delta T_j \right)^{-n_i} e^{E_a/(kT_{jmax})} \tag{5-2}$$

式中：T_{jmax} 为最大结温；f 为循环频率；参数 A，n_1，n_2 也可以使用仿真工具或实际测试进行获取。

上述两个模型都是基于实验数据统计得出的，若制造器件的材料或者技术发生变化，原先模型参数便需重新确定，这必须再次通过大量功率实验。因此克服了这一缺点，学者们提出基于应力–应力变形原理的损伤和断裂机理来建立物理失效模型，主要是从铝材料的键合引线脱落及焊料层疲劳这两种失效机理作为出发点。Coffin-Manson 在解析模型的基础上，深入探讨了热机疲劳的失效机理，提出了另外一种与焊料层相关的寿命模型：

$$N_f = 0.5 \times \left(\frac{L \times \Delta a \times \Delta T_j}{\gamma \times x} \right)^{1/c} \tag{5-3}$$

式中：x 和 L 分别为器件内部焊料层的厚度与长度；Δa 为焊料层上侧与下侧不同材料的热膨胀系数之差；γ 为材料的韧性因子。

由于物理模型构建难度高，没有全面的专业知识无法搭建，只能由该领域资深的专家或学者完成。数学公式搭建的模型由于理论性可靠，因此预测精度高、应用价值大。关键部件的磨损程度可以大致估计寿命周期内故障累计次数，可见磨损程度的重要性。获得磨损程度可以通过计算系统工作过程中的功能损耗和疲劳积累值。完成上述步骤，就可将物理模型和随机过程相结合，通过相应分析计算，建立评估剩余使用寿命的模型。与以往相比，当前电子系统功能多、结构复杂，由此导致建立的相应模型体系架构大，搭建的难度也随之增加，如果还采用上述方法，效果将难以保证。

■ 5.2.3　基于数据驱动的故障预测方法

不论是基于统计可靠性的故障预测还是基于退化模型的故障预测，它们都会依赖系统的机理模型和统计学模型，这就会增大故障预测成本和难度，从而影响预测准确度。如果获取到足够的系统的物理信息和统计学模型成本过高，或者是当系统或者设备非常复杂的时候，我们很难建立出系统的模型，这个时候基于数据驱动（data driven）的故障预测技术可以很好地解决这个问题[144-145]。该方法不需要知道系统的数学模型是什么样子，仅仅是需要通过传感器或者是其他途径测量得到的历史数据或者是在线实时数据就可以进行学习和预测了。

基于数据驱动的方法是针对历史数据深度分析学习，从而找到某种内在关系，并对未来的数据进行预测。不言而喻的是，基于数据驱动的算法需要庞大的计算量，但得益于计算机计算能力的飞速发展以及分布式框架的逐渐成熟，相关的算法可以高性能的运行在计算机上甚至是个人的智能手机上。谷歌围棋人工智能"Alpha Go"战胜了职业围棋选手也是通过对数据的深度学习才取得的壮举。

基于数据驱动的故障预测过程主要包括以下三个步骤。

（1）采集预测样本和建立预测模型。故障预测的训练样本及测试样本本身就是由提取的故障样本所组成的，所以提取故障样本就成了故障预测的首要任务。一般选择模拟电路中的敏感元器件和关键元件进行故障样本的采集，对待测模拟电路的输出响应波形曲线，通过仿真软件或硬件电路板的方式进行采样来获得原始数据是我们提取故障样本的常用手段，只是可有多种采样测试点供选择。首先分析获得的设备状态信息数据，然后对设备状态信息数据进行特征提取，从而生成历史数据，最后利用仿真获得数据或者故障导入数据建立故障训练样本，用于预测模型的建立。

（2）趋势预测。首先对潜在故障状态信息进行分析和处理，然后用上一步构建的故障预测模型对性能恶化趋势和状态变化趋势进行预测，最后获得参数特征的变化数据，这些数据代表着系统的未来状态。

（3）潜在故障识别。根据上一步中获得的参数特征变化数据进行故障模式的识别，并对系统将来可能发生的故障或者系统的 RUL 进行预测。

数据驱动的故障预测方法是基于测试或者传感器获取数据，然后利用模糊控制、进化算法等软件计算方法，通过得到的数据分析其输入输出间的非线性关联。基于收集的样本构建一个非线性以及对象不特定的预测模型，通过计算未来值来预测故障，如图 5.11 所示。它不需要对象系统的先验信息，只需要使用各种数据分析处理方法来分析采集的数据并进行预测。其中主要包括以下几个方面。

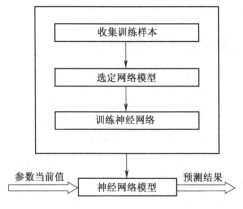

图 5.11　基于神经网络的故障预测方法

（1）决策树。决策树（decision tree）是一种比较常用的分类和预测算法，是贪婪算法的一种。基于对各种情况发生概率的条件下去寻求样本属性和样本值的对应关系。用树的节点表示一个对象，从节点到子节点之间的边代表可能发生的属性值。决策树首先根据训练集去构建系统的模型，主要步骤是根据属性值进行分类，然后对未知的数进行估计预测。决策树完全依照训练样本进行分类，会出现特别多的分支情况，比较容易出现过拟合的问题[146-150]。

（2）马尔可夫模型方法。马尔可夫（Markov）模型是基于概率统计的一种模型，该模型的前提条件是当前状态必须和前面的状态有依赖关系，与其他的条件没有关系。以此类推，下一个状态也会只跟当前状态有关系。马尔可夫过程由三部分组成，分别是状态、初始向量和转移概率。马尔可夫模型需要知道每一个状态的发生概率，对于划分各种状态时需要大量的观测数据，而且很难确定状态的唯一性[151-155]。

（3）模糊理论。模糊理论用来解决精确经典理论和方法无法解决的、大脑中存在大量的非确定性的语义以及一些模糊概念的问题，可以克服预测过程本身是不确定的，不精确和噪声所造成的困难。Zadeh 于 1965 年提出了模糊理论：对于给定论域 U，存在从 U 到单位区间 $[0, 1]$ 的映射 $\mu_A: U \rightarrow [0, 1]$ 称为 U 上的一个模糊集，记为 A；映射 μ_A 为模糊集 A 的隶属函数；$\forall x \in U$，称 $\mu_A(x)$ 为 x 对模糊集 A 的隶属度。目前模糊理论已经较为成熟，隶属度的表示是否合理对其故障预测的精度具有很大的影响[156-165]。

（4）支持向量机。Cortes 和 Vapnik 于 1995 首先提出了 SVM 理论，它的基本思想是以核函数为基础，完成输入数据到高维空间的映射，在这个空间中，求得一个最佳区分超平面，从而得到了输入和输出变量之间的非线性关系[166]。支持向量机一般用于解决小数据类型非线性等问题。SVM 可以提高学习机的泛化能力，产生局部最优解来替代全局最优解，在有限训练样本情况下保证分类的准确度，又能够保证在测试独立集合时误差小，收敛速度快。但是核函数的选取会对结果造成重大影响，而核函数的选取需要结合各种因素综合考虑。目前，在故障预测的研究领域已取得了一定起色[167-168]。

（5）灰色理论。邓聚龙教授于 1979 年创立了灰色理论，它能有效处理类似"黑箱"问题的预测问题[169]，也非常适用于非线性问题。灰色理论是假定一组可以在指定范围以内变化的灰色变量，并将之代替状态随机变量，随后通过确定的数据生成以及还原等方法，便能够在之前混杂无绪的原始数据中获取某种规律，进而实现少量数据建模。灰色系统理论主要针对"部分信息已知，部分信息未知"的"小样本"，"贫信息"的不确定性问题，通过对"部分"已知信息的生成、开发去了解、认识和实现对系统运行行为与演化规律的正确把握和描述[170-174]。

（6）随机滤波方法。归属于这种形式的方法包括卡尔曼波方法、维纳滤波和粒子滤波方法。维纳滤波对系统的状态进行评估，以线性最小方差为准则，能取得较好的效果，但是对于应用范围有一定的限制，适用于平稳随机过程，即被估计量与干扰噪声都是零均值的情况下。卡尔曼滤波在实时处理方面受到广泛应用，因为其采用信号与噪声的混合状态模型，通过前一刻的估计状态与当前值的结合来得出现在状态的估计值，判断准则为最小均方误差。作为最近获得较高关注度的滤波方法，粒子滤波能够摆脱系统模型的约束限制，采用样本形式对状态概率密度进行描述，无须过多考虑状态变量的概率分布，是目前学界最适合于非线性非高斯系统状态的滤波方法[175-184]。

（7）BP 神经网络。神经网络是一种应用极为广泛的基于数据驱动方法，由于该方法的特殊性，利用其自适应与自主学习能力，无须提前知道输入与输出之间的存在关系，使用数量足够多的样本进行训练，让神经元之间的连接矩阵不断自动调整，最终获得所需的模型，但是要求足够多的训练数据。BP 神经网络的核心思想是基于梯度搜索技术，因此能够逼近任何的非线性映射关系。基于 BP 神经网络的故障预测通常采用两种方法：一种是离线学习，即通过原始数据的网络训练，实现对预测数据的线性拟合；一种是以输入输出的不断更新为基础，通过逐一更新网络的权值或阈值实现对动态工况的在线预测[185-194]。

数据驱动的故障预测方法无须提前获得对象的历史信息及资料，使用多种数据处理和分析方法来处理采集的数据，通过其中隐含的信息进行故障预测，且建立起来的预测模型可以随着预测进程的深入而不断调整，从而不断提高其预测精度，所以在电子元器件、仪器中更具优势。其中 BP 神经网络作为故障预测的一个重要分类，被广泛应用于众多领域，这是因为与其他的数据驱动故障预测方法相比较，BP 神经网络具有以下优点[195-197]。

（1）BP 神经网络具有自组织、自学习、非线性处理能力等特性，使其能够更好地解决在传统模式下难以圆满解决的问题。

（2）BP 神经网络无须准确的数学模型，即可准确地映射出相关的非线性模型输入与输出间的关系。它的本质思想是在训练的过程中不断地调整权值和阈值，最大限度地减少网络误差。

（3）BP 神经网络具有很强的自学习和自我修正能力，因此能够实现剩余使用寿命的动态估计和电子设备的故障诊断。

综上所述，使用 BP 神经网络对被测对象进行故障预测时具有明显的优势，然而 BP 神经网络也存在着不足，其本质上是一种局部寻优算法，在网络训练过程中易陷入局部极值点，进而偏离预期的期望值，无法有效地进行预测。两种或两种以上的智能算法相结合的方法是目前控制领域常用的方法。

萤火虫算法（firefly algorithm，FA）[198-200]是一种基于萤火虫社会特性的优化算法，类似其他进化算法一样也是基于种群来优化目标，区别是在该算法在搜索过程中通过种群间的发光亮度和吸引程度进行优化，而并没有采用进化算子。相对于遗传算法[201-202]、粒子群算法[203-204]、蚁群算法[205-206]等。萤火虫算法的效果更高，搜索速度更快，而且不易陷入局部最优。因此，本书提出一种基于 IFA-BP 神经网络的 IGBT 剩余使用寿命预测技术。

5.3　人工神经网络算法

神经网络算法是回归算法的提升，它有着更好的学习能力和适应能力，学习之前不用了解任何输入样本和标签的关系，直接对数据进行迭代训练，不断地更新自己的权值和阈值矩阵，逐渐降低损失函数（loss），达到最佳的性能。神经网络由众多神经元组成，神经元之间有着复杂的连接关系，就好像人类的神经一样，对于输入的数据有着优秀的学习能力。

5.3.1　人工神经网络思想

人工神经网络的思想受到生物学的神经网络的启发[207-211]。大脑中的每一个神经细胞都是一个神经元，神经元的数量是很多的，上十亿至上千亿。每个神经元都不是独立的个体，它会与其他很多个神经元相互连接，用来感知外界的输入信息。外界信息进入生物体会在神经细胞膜内外会产生电势差，只有当这个电势差超过某一个阈值的时候，神经元才会被激活从而传输电信号，每一个神经元通过突触来传递脉冲信号给其他的神经元，这样对于一个输入信息就可以很好地在大脑中传递处理。

人工神经网络也是有众多的神经元组成的，它与大脑中的神经元有着很类似的地方，一个神经元由四部分组成，权值矩阵、求和单元、阈值和激活函数，输入向量 $[x_0, x_1, \cdots, x_n]$ 通过权值为 $[\omega_0, \omega_1, \cdots, \omega_n]$ 的边与求和单元相连接，然后加上阈值 bias，最后通过激活函数。因此神经元的数学表现形式如下：

$$\delta = \sum_{i=1}^{m} \text{bias} + (w'x') \tag{5-4}$$

式中：bias 为神经元阈值。

$$\text{output} = f(\delta) \tag{5-5}$$

式中：f 为激活函数，激活函数的作用就好比是在生物神经元中激活，当数值为一定值时才会有输出。常见的激活函数为 sigmoid（S 函数），该函数当输入的绝对值很大时，输出被抑制，整体输出被限制在 [0，1] 的区间里。神经元模型是神经网络进行学习训练的基础，和人类学习新事物的过程一样，首先要先告诉神经元现在输入的信息是什么，应该对应的输出是什么，神经元通过迭代训练，不断地更新自己的权值和阈值，当每一次迭代之后的误差值都很小，学习结束。但是单个神经元无法很好地完成复杂系统的学习，需要很多的神经元相互连接，这时候就构成了人工神经网络模型，神经网络模型的学习能力和适应能力远超过单个神经元，它可以对更复杂的系统进行学习了。

5.3.2 神经网络的分类

随着研究人员的不断研究，针对不同的研究目的，产生了不同的神经网络算法。划分方式不同，分类结果也不一样。主要有按学习方式和按链接方式两种划分方式。

1. 按学习方式划分

基于学习方式不同，神经网络主要分为有监督学习和无监督学习，这正是机器学习的两种学习方式。对于有监督学习，神经网络会把输出和实际值的误差传回神经网络，继续训练以减少误差，常见的有监督神经网络是 BP 神经网络、RBF 神经网络。无监督学习神经网络仅仅是把输出结果传回神经网络，根据设定的规则进行调整权值矩阵，常见的无监督学习神经网络有 ART 神经网络、CPN 神经网络。

2. 按链接方式划分

根据神经元链接方式的不同，神经网络可分为前馈神经网络、有反馈的前馈神经网络、反馈型全连神经网络、反馈型局部链接神经网络，不同的链接方式，神经网络的学习效果有所不同。

5.3.3 神经网络的激活函数

激活函数对于神经网络来说是非常重要的，它的存在帮助神经网络可以很好地学习非线性函数。通过神经元的数学模型可知，如果没有激活函数，那么无论有多少神经元相连，输出的结果都是一个线性的函数，无法拟合非线性函数。激活函数的加入，解决了这一问题，它让神经网络可以学习更复杂的系统。下面主要研究常用的激活函数和其优缺点。

1. 激活函数的性质

非线性：激活函数的非线性保证了神经网络可以学习非线性函数，否则神经网络与单层的线性模型是等效的。

可微性：利用梯度下降法进行优化的时候，需要可导。

单调性：激活函数是单调函数的意义在于使神经网络为凸函数。

2. 常见的激活函数

1）Sigmoid

Sigmoid 函数[212-215]是比较典型的激活函数，数学表达式如下：

$$f(x) = \frac{1}{1 + e^{-x}} \tag{5-6}$$

该函数可以把输入映射到区间 [0，1] 里，当输入的是负数且绝对值很大时，输出为 0，反之当输入是很大的正数时，输出为 1。Sigmoid 函数也有一些弊端，当输入的值分布在正负两端且绝对值非常大的时候，函数的梯度趋近于 0，导致梯度下降法难以持续进行。解决的方法可以从两个方向入手：一个是调整权值的初始值；另一个是对输入数据进行标准化，映射到非常小的区间里。另外可以看到 Sigmoid 函数的输出均值不是 0，反向传播时的权值 W 会是正数或者是负数，导致梯度下降出现波动。Sigmoid 函数如图 5.12 所示。

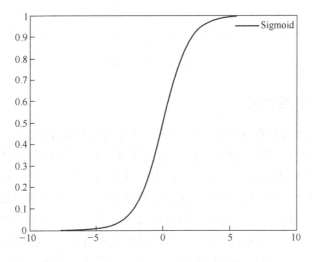

图 5.12　Sigmoid 函数

2）Tanh

Tanh 函数[216]的数学表达式为

$$Tanh = \frac{e^x - e^{-x}}{e^x + e^{-x}} \tag{5-7}$$

这样做的好处就是函数的输出值域是 [-1，1]，均值为 0，解决了 Sigmoid 函数均值不为 0 的问题。Tanh 函数如图 5.13 所示。

3）ReLU

ReLU 函数[217]是一种新的激活函数，数学表达式为

$$relu(x) = max(0, x) \tag{5-8}$$

它将小于 0 的输入变成了 0，大于 0 的输入维持原值，可以加速梯度下降的收敛速度。但是很容易出现神经元不工作的情况，ReLU 函数需要配合较小的学习率进行工作，否则会出现大面积神经元瘫痪的状态。

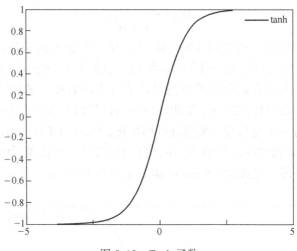

图 5.13　Tanh 函数

■5.3.4　BP 神经网络

BP 神经网络的基本算法是 BP 算法，其思想是通过对样本不断训练进行学习，该训练过程可以简括为两部分：一是正向传播，二是反向传播。在第一部分时，训练样本从输入层输入，经隐含层逐层计算后传给输出层，输出层的各节点输出对应输入层模式的处理结果。通过学习信号的正向传播得到的期望输出，如果与实际输出不等，即存在误差，则执行反向传播，这就是正向传播过程。在第二部分时，以缩小期望输出与实际输出之间的误差为原则，将输出误差从输出层回传到各个隐含层，最后回到输入层，得到各层神经元的误差信号，然后依据这些误差信号来修正各层各神经元的连接权值和阈值，这就是反向传播。这样反复循环正向传播和反向传播这两个过程，不断调整网络的连接权值和阈值，得到的期望输出也越来越逼近实际输出值，当两者之间的误差达到可允许范围，或者训练次数达到设定的最大值时，停止训练，并保存此时网络的权值和阈值。

1. BP 神经网络原理

当前神经网络算法中最活跃的算法之一便是 BP（back propagation）网络。这种算法的优点在于不需要传统的数学模型，基于一定的输入和输出就能模拟出整个非线性系统。只要在 BP 神经网络中添加足够多的隐含层，该算法几乎可以模拟任意的非线性系统，表现出很强的非线性处理能力。BP 神经网络的拓扑结构如图 5.14 所示[218]。

在图 5.14 中，X_1，X_2，…，X_n 是 BP 神经网络的输入值，Y_1，Y_2，…，Y_m 是 BP 神经网络的预测值，ω_{ij} 和 ω_{jk} 为权值。BP 神经网络学习算法可以描述为以下几点。

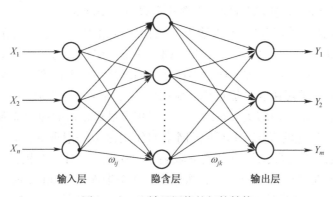

图 5.14　BP 神经网络的拓扑结构

（1）网络的隐含层节点数 l、输出层节点数 m 和输入层节点 n 由输入输出序列 (X, Y) 确定，初始化 ω_{ij}、ω_{jk}、输出层阈值 b 以及隐含层阈值 a，确定其激励函数和学习率。

（2）由权值 ω_{jk}、输入变量 X 和阈值 a，计算隐含层输出 H。

$$H_j = f\left(\sum_{i=1}^{n} \omega_{ij} x_i - a_j\right) (j = 1, 2, \cdots, l) \tag{5-9}$$

式中：f 为隐含层激励函数；l 为隐含层节点数。

$$f(x) = \frac{1}{1 + e^{-x}} \tag{5-10}$$

（3）由阈值 b、权值和输出 H，计算网络的预测输出 O。

$$O_k = \sum_{j=1}^{l} H_j \omega_{jk} - b_k (k = 1, 2, \cdots, m) \tag{5-11}$$

（4）通过期望输出值 Y 和预测输出值 O，计算其误差 e。

$$e_k = Y_k - O_k (k = 1, 2, \cdots, m) \tag{5-12}$$

（5）网络的权值 ω_{ij} 和 ω_{jk} 通过误差 e 进行更新。

$$\omega_{ij} = \omega_{ij} + \eta H_j (1 - H_j) x(i) \sum_{k=1}^{m} \omega_{jk} e_k (i = 1, 2, \cdots, n; j = 1, 2, \cdots, l) \tag{5-13}$$

$$\omega_{jk} = \omega_{jk} + \eta H_j e_k (j = 1, 2, \cdots, l; k = 1, 2, \cdots, m) \tag{5-14}$$

式中：η 为学习速率。

（6）阈值 a，b 通过网络预测误差 e 进行更新。

$$a_j = a_j + \eta H_j (1 - H_j) \sum_{k=1}^{m} \omega_{jk} e_k (j = 1, 2, \cdots, l) \tag{5-15}$$

$$b_k = b_k + e_k (k = 1, 2, \cdots, m) \tag{5-16}$$

（7）判断算法迭代是否完成，若没有，返回步骤（2）。

对 BP 神经网络进行训练时，需要注意以下几个问题。

（1）初始权值的选取：如果输出层的初始权值太小，会使其在训练初期时的权值调整量变小，反之，如果过大，则会使隐含层权值的调整量变大，不利于全局的搜索。因此，权值过大或过小都会影响网络的训练速度，初始化权值的方法对加快网络的学习速度更加重要。应用中，初始权值通常取在零点附件的数，而且这些数最好是均匀随机分布的，有利于扩大最优权值的搜索范围。

（2）目标误差的设定：BP 神经网络的作用函数一般取 Sigmoid 函数，对于单极性的 Sigmoid 函数，其输出范围限制在（0，1），对于双极性的 Sigmoid 函数，其输出范围则是在（−1，1），所以当算法渐渐逼近−a 和+a 时，因为函数无法达到−a 和+a，会致使学习算法不能够收敛，故应将网络的目标误差设定为一个接近 0 的小数。

（3）网络训练模式的选取：对于 BP 神经网络的单个处理模式，它对每一个输入样本产生的误差信号来修正权值，遵循的是"本位主义"原则，很容易顾此失彼，使整个网络的学习次数增加，导致网络收敛速度变慢；而批处理模式以累积误差来调整权值，遵循的是以减小总体误差为目标的"集体主义"原则，可以保证网络训练的总误差向减小的方向变化。因此，在训练样本数较多时，批处理模式比单个处理模式有更快的收敛速度。

BP 神经网络的处理流程如图 5.15 所示。

2. BP 神经网络存在的不足

BP 神经网络之所以得到广泛应用，是

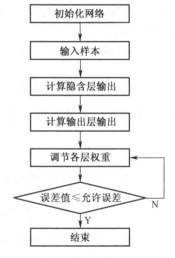

图 5.15　BP 神经网络的处理流程

因为它能够解决非常复杂的非线性问题，且 BP 神经网络通过对训练样本的学习能自动修正权值，具有很强的自学习、自组织能力。但是，BP 神经网络也存在自身的不足，主要表现在学习过程的不确定上，具体有以下几点。

1）BP 算法的收敛速度慢

BP 算法使用梯度下降学习规则，而它要解决的问题往往又非常复杂，所以当神经网络的神经元输出接近−a 和+a 时，会出现一些平坦区域，在这些区域内，权值修正量会很小，使得 BP 神经网络的学习过程很低效，处于几乎停顿的状态。

BP 算法中学习率 η 为固定值，这也会增加网络训练时权值的修正时间，降低网络的收敛速度。所以，学习率一定不能超出某一上界才能够保证网络可以收敛，这就意味着 BP 神经网络的训练速度不可能太快。而且，如果学习率设定过大，将会导致误差值产生震荡，网络无法收敛；如果学习率设定过小，网络的收敛速度将会很慢，需要更长的时间不断训练、学习。

2）容易陷入局部极小值

从结构上可以看出，BP 神经网络中各层的众多节点构成的非线性关系致使网络的误差函数是一个具有多极点的非线性函数，这种函数对应的误差曲面是凹凸不平的，中间会存在很多局部极小值点，从而使网络很容易陷入这些局部极小值。而 BP 算法采用梯度下降的学习规则，意味着算法只是一味地追求网络误差的单调下降，也就是说，用 BP 算法训练的网络只会"下坡"而不会"爬坡"。

对于具有很多极小值点的超曲面，在选择学习率时，如果值太小，也只能使网络跳出很浅的"坑"，但是无法摆脱较大的"坑"。正因为 BP 神经网络很容易陷入局部最小值点不能自拔，达不到全局最优点，所以，BP 算法常常被认为是一种"贪心"算法。

3）网络结构难以确定

在使用 BP 神经网络时，确定网络的最佳结构是网络设计的一个大难题。具体地说，就是给出某个系统任务，如何确定网络各层的层数和每层的节点数。网络的输入层和输出层可以根据任务设定，但是目前对于隐含层层数及其神经元数的确定还没有统一的定论。随着三层神经网络可以任意逼近的万能逼近定理的提出，单隐层神经元数的取值成为越来越多学者的研究重点。

另外，BP 神经网络结构复杂、网络的初始值、学习率等，这些都对神经网络的泛化能力有一定的影响，泛化能力是指神经网络对新样本的适应能力。为了避免这个问题，可以在训练期间将原来的样本数据与新的样本数据一起提供给 BP 神经网络进行学习训练，并将结合的样本数据分为训练样本和测试样本。训练样本用于调整权值，测试样本用于估计网络的泛化能力，这有助于神经网络记忆的稳定性，不会出现新样本的加入影响已学习成功网络的问题。

5.4　萤火虫算法优化 BP 神经网络

▌5.4.1　萤火虫算法的原理

在夏天的夜晚，人们可以看到萤火虫一闪一闪地飞行，研究发现，萤火虫的闪光是它们传递信息的方式，萤火虫的发光行为有求偶、警示敌人等作用。萤火虫的种类有近 3 000 种，其中绝大部分的雌雄虫都会发光，但雌虫的亮度相对较弱，雄虫的求偶方式是成群聚集，使亮度增强，从而提高被雌虫发现的机会，求偶行为在晚上进行，光信号的传递会受到传播介质、自然光等因素的影响。

Xin-She Yang 于 2008 年在文献中发表了萤火虫算法（Firefly Algorithm, FA），萤火虫算法模拟了多个萤火虫个体间传递光信号而互相吸引聚集的行为，算法利用萤火虫的发光特性并考虑到自然因素的影响，令萤火虫在视野范围内寻找伙伴，并向亮度较强的伙伴靠近，最终聚集到最亮的位置，即最优的位置，达到优化目的。算法对萤火虫的发光特性作出以下假定。

（1）摒弃雌雄虫之分，即每个个体都可以被另一个个体所吸引。

（2）发光亮度较强的个体吸引发光亮度较弱的个体向其靠近，即亮度越强则吸引力越强。考虑到光信号受自然因素的影响，吸引度随个体间距离增大而减弱，这样，亮度较强的个体将会吸引到一定视野范围内的同伴，而对更远处的个体吸引力较小。对于亮度最强的个体，将自主随机移动位置。

（3）个体发光亮度是由所优化问题的适应度函数决定的，适应度函数值是评价个体好坏程度的标准。

萤火虫算法的原理：用解空间内的可行解模拟萤火虫个体，萤火虫所处的位置（一个可行解）决定适应函数的值，根据亮度和吸引度迭代更新可行解（模拟萤火虫之间相互吸引和靠近），迭代更新的过程即为最优解的搜寻过程。萤火虫算法流程如图 5.16 所示。

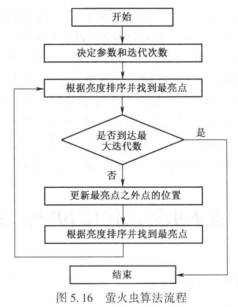

图 5.16 萤火虫算法流程

■ 5.4.2 萤火虫算法的数学描述

萤火虫算法是一种基于萤火虫特性的进化算法。该算法模拟萤火虫如何使用它们的闪光灯相互吸引以实现觅食和信息交流的过程。该算法假设所有萤火虫都是中性的，这就意味着种群间不存在异性相吸的问题，种群间的吸引力与其依赖的亮度成正比关系。所有的萤火虫都会寻找并聚集在最亮的萤火虫周围，聚集的这些点就作为全局函数的最优解，萤火虫会被一个更亮的萤火虫吸引就是其搜索过程。其中，萤火虫的发光亮度和光吸收系数是其算法重要的两个参数[219-221]。

种群间的发光亮度 I 的数学公式可表示为

$$I = I_0 e^{-\gamma r^2} \tag{5-17}$$

种群间的相互吸引度 β 的数学公式可表示为

$$\beta = \beta_0 e^{-\gamma r^2} \tag{5-18}$$

式中：r 为萤火虫间的距离；β_0 为在位置 I_0 处最亮的萤火虫；β 为 I_0 该位置处萤火虫最大发光亮度；γ 为光吸收系数。

假设种群间存在两个萤火虫 i 和 j，如果萤火虫 j 的亮度高于萤火虫 i 的亮度，则萤火虫 i 将会飞向萤火虫 j。于是有最优目标迭代公式如下

$$x_j = x_i + \beta_0 e^{-\gamma r^2}(x_j - x_i) + \alpha(\varepsilon - 0.5) \tag{5-19}$$

5.4.3　萤火虫算法的步骤

根据上一小节的算法数学描述，标准 FA 算法的执行步骤如下。

（1）设置算法参数：种群数量 n，迭代次数 MaxGeneration，步长因子 α，光强吸收系数 γ。

（2）初始化每一个个体在解空间中所处的位置，分别将其作为参数传递到适应度函数中计算适应度函数值（个体的自身亮度）。

（3）比较萤火虫种群中个体的自身亮度大小，据此确定个体的飞行方向（向相对较亮的个体靠近）。

（4）计算个体间吸引度，更新亮度较弱的个体所处位置，并对最亮的个体位置进行干扰，令其自主随机移动。

（5）将种群中个体的最新位置作为参数传递到适应度函数中，重新计算个体的自身亮度，完成一次迭代。

（6）如果没达到 MaxGeneration 或搜索精度，则转到（3），进入新的迭代，否则执行（7）。

（7）输出最亮的个体，即最优解。

分析 FA 算法的流程可知，算法的时间复杂度为 O（MaxGeneration$\times n^2$），其中 n^2 是比较萤火虫个体两两之间的亮度大小的两个内循环的时间复杂度，实际上，该算法的主要代价在于适应度函数的求解，同其他元启发式算法一样，萤火虫算法耗费的时间与适应度函数的时间复杂度成正比。

5.4.4　萤火虫算法的参数分析

萤火虫算法的参数分析包括以下几个方面。

1. 种群规模

种群规模的大小可以直接影响到萤火虫算法优化的精度以及收敛速度，因此它是 FA 算法中需要重点考虑的参数。在相同的迭代次数下，对于同样的优化问题，算法中种群的规模越小，优化时的收敛速度越快，相应的优化精度则越低；相反，算法中种群的规模越大，则优化精度越高，收敛速度越低。通过研究，解决一般的优化问题，种群规模设定为 20~40 就可达到较好的优化效果，对于多峰多极值点优化问题，则可通过增加算法中的种群规模来提高优化的精度。

2. 光照吸收系数

通过算法描述，可以看到光强吸收系数能直接影响到吸引度的大小，这决定了不同萤火虫个体间相互吸引的移动距离的大小，从而决定了算法收敛速度的快慢和算法的运行。

3. 步长因子

为了提高萤火虫种群的多样性，将引入步长因子，这样算法的探索能力就得到了加强，可以有效地避免算法过早收敛。在较小的搜索范围中，若步长因子取值过大，则算法有可能无法收敛；若步长因子取值太小，则随机移动的距离极小，对于增加种群多样性没有起到该有的作用，无法有效扩大探索的范围，起到避免算法过早收敛的作用。

4. 终止条件

在利用萤火虫算法编程来优化实际问题时，与其他搜索算法一样都需要一个终止条件来跳出循环以结束算法搜索的过程。若仅仅考虑搜寻到最优极值，将步长因子和循环条件设定在理想条件下，并不考虑其他因素对算法的影响，则算法一定可以搜寻到在搜索空间中的最优极值，但这样算法的实用性必会降低或直接不能应用到实际问题中。所以，通常采用近似的终止条件来作为算法的终止条件，这样既照顾到了搜索的质量，又不会过度影响到搜索效率。大多数情况下，算法终止条件采用以下三种方式。

（1）由优化问题的实际情况来给定一个最大的迭代次数。该方法实现较为简单，大多数优化算法通常采用这种方法，但该方法难以确保优化结果的最优极性。

（2）根据具体的问题，设定相应的误差精度，结果没有达到相应精度则迭代不会结束。但对于大多数情况下的寻优问题，最优极值并不是已知的，这使得误差精度难以设定。

（3）设定最优极值的变化幅度。采用这种方法，迭代过程中会判断在一定迭代次数内最优极值是否发生变化限定幅度外的变化，若没有变化，则终止迭代，结束算法优化过程。这种方法的自适应性较强，但针对多峰多极值问题则容易陷入局部最优，过早收敛。

▌5.4.5　萤火虫算法的优点

FA 与 PSO（粒子群算法）等群智能算法存在一些概念上的相似性，除了拥有群智能算法所共有的优点外，还有其自身的优势：自动分组的能力。由上文所述可知，FA 算法中萤火虫个体间的距离越远则吸引度越小，且荧光在空气中传播过程会逐渐减弱，即每个萤火虫发出的荧光只能吸引到其附近一定范围的伙伴，这将使得萤火虫群体可以自动分组，形成多个小组，各小组中的萤火虫聚集在局部最亮的个体附近，从而易于搜寻到全局最优解，因此可以自然地处理多峰问题。若萤火虫个体数目足够（多于适应度函数峰值数），且在解空间分布均匀，则群体协作搜寻最优解的效率将很高。

从以上对算法进行的分析中可以得到萤火虫算法具备以下几个特点。

（1）萤火虫算法是模拟自然界中萤火虫各个个体间相互吸引移动而提出的一种自然算法，单个萤火虫个体的行为模式虽然简单，但群体合作所产生的集体行为却表现出了非凡的效果，因此这种优化算法的计算效率和优化效果都极为出色。

（2）萤火虫个体受到其他萤火虫荧光亮度的影响而进行移动，从而使得整个群体的协同工作能力较强。较亮的个体能够吸引其他较暗的个体向它的方向进行移动，萤光亮度最高的萤火虫会在其自身周围小范围内随机移动。较暗的个体在优化过程中会逐步靠近相对较亮的萤火虫，这使得整个群体在寻优过程中能较大概率地找到搜索空间中的最优解。

（3）萤火虫算法的鲁棒性较强。群体中的一般个体被最优个体吸引而向其移动，最优个体则在一定范围内随机移动，这使得萤火虫群体的寻优过程不需要先验知识，从而使得算法具有较强的鲁棒性和适应性。

（4）可以与其他算法进行结合使用。该算法之所以能够具有较快的寻优速度，主要是因为萤火虫个体间通过萤光亮度进行信息交换来决定自己的移动方向和移动距离的正反馈机制，这使得算法的收敛速度得到加强，同时也减小了算法陷入局部最优解的概率。

▌5.4.6　改进的萤火虫算法优化 BP 神经网络

随机步长 α [222-223] 控制着萤火虫的随机运动。因此，把随机步长 α 设定成一个自适应的参数，使其随着最优解的改变不断减小。自适应随机步长 α 的计算公式如下：

$$h_i(t) = \frac{1}{\sqrt{[f_{pi}(t-1) - f_{pi}(t-2)]^2 + 1}} \tag{5-20}$$

$$\alpha_i(t+1) = 1 - \frac{1}{\sqrt{[f_{\text{best}}(t) - f_i(t)]^2 + h_i(t)^2 + 1}} \qquad (5-21)$$

式中：$h_i(t)$ 为萤火虫两次迭代的历史信息；$f_{\text{best}}(t)$ 是最优解的萤火虫的最佳适应值；$f_{\text{pi}}(t-1)$ 是 $t-1$ 时刻的适应度值；$f_i(t)$ 是 t 时刻萤火虫的最佳适应值，$f_{\text{pi}}(t-2)$ 是 $t-2$ 时刻的适应度值。

通过改变随机步长 α 的值，能够避免 α 在搜索的过程中陷入局部寻优，实现大部分全局寻优的效果，很好地控制全局搜索和局部搜索之间的平衡与波动。于是，最优迭代公式修改为

$$x_j = x_i + \beta_0 e^{-\gamma r^2}(x_j - x_i) + \left(1 - \frac{1}{\sqrt{[f_{\text{best}}(t) - f_i(t)]^2 + h_i(t)^2 + 1}}\right)(\varepsilon - 0.5)$$

$$(5-22)$$

通过迭代公式随机步长在开始时较大，在运算处理阶段逐步减小。这样可使萤火虫算法在运算初期取得充足的搜索空间，接着在运算处理后期逐渐收缩，可以较好地进行更精细的搜索，进而提高目标精度和加快收敛速度。

通过改进萤火虫算法对 BP 神经网络初始的阈值和权值进行优化，得到最优阈值和最优权值，具体流程如图 5.17 所示。

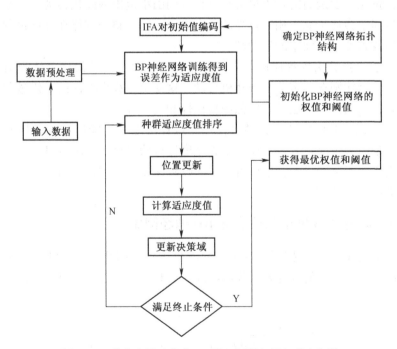

图 5.17　萤火虫算法优化 BP 神经网络初始权值和阈值

5.5　仿真分析与预测结果

5.5.1　仿真模型构建

美国航空航天局（National Aeronautics and Space Administration，NASA）是美国联邦政府的一个行政机构，主要负责美国太空计划的研制与实施以及对空间站的研究，NASA 的研究课题内容非常广泛，以航天方面为主，主要包括对国际空间站的建设、外太空生命的发掘以及其他行星的运行等问题。目前，NASA 已取得了许多研究成果，如"凤凰"号在火星的探测任务已圆满完成，北极的海冰将会继续减少，下一代火箭发动机的首次试验已完成，等等。NASA 目前是地球上最权威的航天局，与许多的科研机构分享其研究数据。

本书 IGBT 模块加速寿命数据集取自 NASA 的 AMES 实验室，如表 5.4 所示。表中提供了测试 IGBT 模块的负载阶段（1~6）的持续时间总结，最后一列列出了每个测试 IGBT 模块的故障时间（发生在最后一个阶段 7）。该数据是通过使用温度应力对 7 个 IGBT 模块进行实验得到的。每个 IGBT 模块都通过一个负载曲线进行测试，结果为测量的集电极-发射极电压（V_{CE}）产生 7 个不同的相位。集电极-发射极电压被认为是前驱参数，通过控制来自电源的电压，V_{CE} 从剖面中的一个负载相位增加到下一个阶段。施加到 IGBT 模块的满载剖面中的每个相位的持续时间因设备不同而不同，因此影响故障时间。所有测试过的 IGBT 模块在最后一个加载阶段（阶段 7）的某个时间点都失效了。

表 5.4　IGBT 模块加速寿命试验数据

IGBT No.	Phase 1	Phase 2	Phase 3	Phase 4	Phase 5	Phase 6	Failure Time
1	875	502	645	1 221	1 602	1 454	11 850
2	1 112	502	1 663	657	1 107	1 725	9 360
3	1 448	1 448	1 132	903	712	1 312	10 014
4	1 225	1 225	1 160	874	650	1 373	7 864
5	1 284	424	1 395	683	1 075	3 923	12 068
6	942	942	1 337	985	1 625	1 012	14 502
7	1 125	740	872	1 368	1 237	1 204	6 376

利用第 3 章所述的研究方法优化由 NASA 的 AMES 实验室提供的 IGBT 模块加速寿命数据，将优化后的数据作为实验数据。选取前 6 组 IGBT 数据作为训练样本，并对最后一组 IGBT 数据进行预测。同时采用 BP 神经网络预测模型、FA-BP 预测模型和 IFA-BP 预测模型对 IGBT 模块剩余使用寿命进行预测。

采用改进的萤火虫算法对 BP 神经网络初始的权值与阈值进行优化，建立改进萤火虫算法优化 BP 神经网络 IGBT 剩余使用寿命预测模型。基于改进萤火虫优化 BP 神经网络的 IGBT 故障预测方法，步骤如下。

1. 采样数据及参数初始化

将 NASA 的 AMES 实验室提供的 IGBT 模块加速寿命数据作为原始数据，同时对萤火虫算法及 BP 神经网络算法参数初始化。

萤火虫算法部分参数设置：最大吸引度因子 $\beta_0 = 0.08$，最大迭代次数 $T = 100$，萤火虫算法的种群大小 $n = 50$，初始随机步长 $\alpha_0 = 0.03$，光吸收系数 $\gamma = 0.6$。BP 算法部分参数设置：训练次数 $N = 1\ 000$，学习率 $\eta = 0.1$，网络误差 $E = 0.000\ 01$。

2. 网络设计和适应度函数的选取

对于 BP 神经网络，由于输入向量维数为 6，因此其输入层神经元的个数为 6，而输出向量维数为 1 个，则输出层神经元的个数为 1，根据函数 $m = 2n + 1$ 来确定隐含层，故隐含层神经元个数为 13。所以，网络共有 $6 \times 13 + 13 \times 1 = 91$ （个）权值，$13 + 1 = 14$ （个）阈值，萤火虫个体的编码长度为 $91 + 14 = 105$。在本书中种群间的个体适应度值即为 BP 神经网络的均方差（适应度函数是衡量种群个体优劣的主要指标）。

3. 萤火虫位置的更新

根据萤火虫的发光亮度进行排序，找到最亮个体的位置。判断当前迭代的次数是否达到预先设定的最大迭代次数 T，若达到则转至步骤 5，否则转至步骤 4。

4. 最亮萤火虫的搜索

根据当前迭代次数，通过式 (5-17) 计算各萤火虫个体的发光强度，比较发光大小；根据式 (5-18) 计算萤火虫个体的相互吸引度；再根据式 (5-22) 更新萤火虫的位置，从而找到最佳函数值对应的个体。

5. 赋值操作及网络构建

将得到的最优值赋给 BP 神经网络的权值和阈值，利用优化结果构建 IFABP 神经网络。通过不断调整权值和阈值，在达到训练要求之后停止训练。

6. IGBT 故障预测

在网络训练收敛后，便可进行 IGBT 故障预测操作，选取 7 组数据中的前 6 组数据作为训练数据，对最后一组 IGBT 数据进行预测。

基于改进萤火虫算法优化 BP 神经网络 IGBT 剩余使用寿命预测模型流程如

图 5.18 所示。

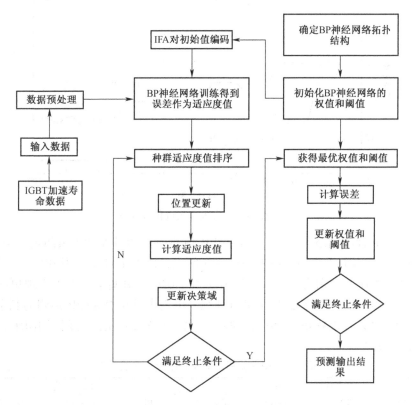

图 5.18　基于改进萤火虫算法优化 BP 神经网络 IGBT 剩余使用寿命预测模型流程

5.5.2　仿真结果分析

在经过了反复的仿真实验后，得到了萤火虫算法优化 BP 神经网络 IGBT 剩余使用寿命预测模型的最优结果。为了验证基于萤火虫算法优化 BP 神经网络 IGBT 剩余使用寿命预测模型的有效性和实用性，本书将改进萤火虫算法优化 BP 神经网络 IGBT 剩余使用寿命预测模型、传统萤火虫算法优化 BP 神经网络 IGBT 剩余使用寿命预测模型和 BP 神经网络 IGBT 剩余使用寿命预测模型进行了对比，其结果如下。

通过 FA 优化后的最优个体适应度值变化如图 5.19 所示，由图中可知，优化前在种群为 50 的情况下，经过约 80 代进化和移动，收敛到最佳适应度值。优化后的算法（IFA）在进化到约 40 代时，收敛到最佳适应度值 0.085，算法趋于稳定，可见对于萤火虫算法的改进是非常必要的。通过对 FA 的改进不但可以加快找到 BP 网络的最优权值和阈值，而且获得的权值和阈值的质量也是远好于基本算法的。

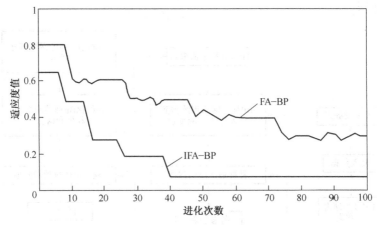

图 5.19　萤火虫算法进化过程

采用 BP 神经网络预测模型、FA-BP 预测模型和 IFA-BP 预测模型对 IGBT 模块剩余使用寿命进行预测结果如表 5.5 所示，由表中可知使用 BP、FA-BP 和 IFA-BP 预测误差分别为 3.65%、2.51% 和 2.02%。事实上，为了实现更好的预测，网络中需要更大的数据集来进行训练。由表中可见 IFA-BP 预测的剩余使用寿命相比 BP 以及 FA-BP 更精确一些。因此，IFA-BP 更适合用于 IGBT 模块剩余寿命的预测。

表 5.5　剩余使用寿命预测结果及误差对比

剩余使用寿命预测				误　差		
实际值	BP	FA-BP	IFA-BP	BP	FA-BP	IFA-BP
6 376	6 143	6 216	6 505	3.65%	2.51%	2.02%

5.6　本 章 小 结

本章归纳总结了对 IGBT 模块的关于 PHM 技术的研究方案，并对比分析了目前比较主流的三种故障预测技术，提出了基于改进萤火虫算法优化 BP 神经网络 IGBT 剩余使用寿命预测方法，首先采用改进萤火虫算法对 BP 神经网络参数进行优化，使网络获得一组更好的初始权值和阀值。然后对 BP 算法、FA-BP 和 IFA-BP 算法通过 NASA 的 AMES 实验室提供的 IGBT 模块加速寿命数据进行了实验仿真。实验结果表明：在基本 FA 算法的基础上，通过改变随机步长 α 值的 IFA-BP 算法能够较为准确地预测 IGBT 模块剩余使用寿命，收敛速度快和精度较高，可以有效避免 BP 神经网络在 IGBT 模块剩余使用寿命预测应用过程中对初始权值敏感、容易陷入局部极小值、隐含层结构难确定等一些问题的发生，为 IGBT 模块的故障预测提供了一定的技术参考。

第 6 章

总结与展望

6.1　本书主要工作和贡献

IGBT 模块性能优越、驱动简单，已成为变流设备的核心部件，已被广泛应用于诸多关键领域，但其可靠性是一个亟待解决的关键问题。综合以上章节对 IGBT 模块故障预测与健康管理技术的分析研究，本书的结果可归纳总结如下。

（1）通过研究 IGBT 模块的基本结构与分类、工作原理以及运行特性，对 IGBT 的失效问题进行了理论分析，归纳并总结了 IGBT 模块两类典型的失效模式，从热机械疲劳的角度分析导致 IGBT 模块键合引线脱落和焊接层老化失效的内在物理机理，揭示了温度以及长期的温度波动（结温差）是影响功率模块可靠性的主要因素之一。同时探讨 IGBT 模块老化失效过程中器件各参数的状态变化，指出饱和压降 $V_{CE(sat)}$ 不仅获取容易，而且能够反映焊料层失效与键合引线脱落失效机理，适用于 IGBT 模块故障预测。

（2）为了实现准确判断 IGBT 模块健康状态、提前预测 IGBT 故障发生以达到视情维修目的之前，必须充分掌握 IGBT 模块的寿命分布以及可靠性，这样才能获得理想的预测结果。因此本书利用 MATLAB 软件中的 Normplot 函数、K-S 检验以及 ALTA 对 IGBT 模块加速寿命试验数据进行分析，揭示了 IGBT 模块寿命服从对数正态分布，并且为其可靠性及健康状态评估提供了一种简单、实用的方法。

（3）阐述了传热学和计算流体力学的基本理论知识，包括三种常见的热传递的方式以及流动状态的判断。之后研究了计算流体动力学软件（CFD）的控制方程式、常用的湍流模型并研究了两种冷却方式（风冷和液冷）以及判断散热器冷却效果好坏的标准（热阻和压降）。最后对功率模块 IGBT 进行简单的分析。

（4）归纳总结了对 IGBT 模块的关于 PHM 技术的研究方案，并对比分析了目前学术界主流的三类故障预测技术，结合实时应用需求，提出了一种 IGBT 故障预测方法。该方法首先使用改进萤火虫算法优化 BP 神经网络模型的初始权值和初始阈值，得到最优权值和最优阈值，然后建立改进萤火虫算法优化 BP 神经网络 IGBT 剩余使用寿命预测模型，并通过 NASA 的 AMES 实验室提供的 IGBT 模块加速寿命数据来验证预测模型的准确性。

6.2 后续工作的展望

本书主要在 IGBT 模块的寿命分布、可靠性分析以及故障预测与健康管理等方面进行了一些初步的、探索性的研究，但由于时间关系和本人水平有限，本书对 IGBT 模块故障预测与健康管理技术的研究还不够深入和全面，未来可以从以下几个方面做进一步的研究。

（1）本书仅研究了对 IGBT 模块可靠性影响最主要因素之一的温度（或者结温差），但据相关资料显示，振动、湿度等其他的因素对 IGBT 模块可靠性的影响也不小。因此未来希望研究不同应力对 IGBT 模块可靠性的影响，使得 IGBT 模块可靠性得到进一步提升。

（2）本书对功率模块 IGBT 散热分析研究，由于时间关系及本人水平有限仅进行了简单的分析，因此下一步希望采用新的散热分析方法深入地分析功率模块 IGBT 的散热问题。

（3）本书采用的基于改进萤火虫算法优化 BP 神经网络的 IGBT 故障预测方法，但是优化后 BP 神经网络同样存在自身的不足。考虑到当前还有许多新型算法如雨后春笋般涌现，因此未来希望采取用新的智能化算法代替 BP 神经网络，在 IGBT 模块故障预测中得到应用，使 IGBT 模块故障预测的精度更上一层楼。

（4）本书仅归纳总结了对 IGBT 模块的关于 PHM 技术的几种研究方案，因此希望下一步能够进一步结合实际系统，做电动汽车或类似系统的实际系统和实时参数的故障预测与健康管理系统，将发挥更重要的价值和意义。

参 考 文 献

［1］李长硕．关于汽车电机控制监控功能的研究［J］．电子技术与软件工程，2016
（13）：250．

［2］任静，周笑洋，丁文娟，等．从汽车增长看我国未来汽柴油需求增长趋势［J］．中国石
化，2017（7）：39-40．

［3］马驰．新能源汽车在出租汽车上应用［J］．工程技术：引文版，2017（1）：179．

［4］Li X Y, Yi-Jui C, Sun K K, et al. Structure design of pure electric car［C］//International
Conference on Education, Management, Information and Computer Science, 2017.

［5］Buom-Sik Shin, Myung-Seok Lyu. Combution System Development in a Small Bore HSDI Diese-
lEngine for Low Fuel Consuming Car, SAE 2001-1-1257.

［6］Guo P, Liu P. Research on development of electric vehicles in China.［C］// International Con-
ference on Future Information Technology and Management Engineering. 2010：94-96.

［7］Wu X, Dong P, Xu X, et al. Energy conservation of electric vehicles by applying multi-speed
transmissions［C］// International Conference on Automotive Engineering, Mechanical and Elec-
trical Engineering, 2017：15-22.

［8］张伟．基于组合评价法的电动汽车充电站运营服务综合评价建模研究［D］．北京：北京
交通大学，2017．

［9］万钢．电动汽车产业发展的几点思路［J］．汽车纵横，2014（7）：1-5．

［10］Khalil, G Challenges of hybrid electric vehicles for military applications vehicle. Power and
Propulsion Conference, 2009. VPPG 09. IEEE.

［11］Udren, E. A. Protection system maintenance program choices-TBM, CBM, and PBM［C］.
67th Annual Conference for Protective Relay Engineers（ProRelay 2014），2014：16-17.

［12］Keizer M C A O, Flapper S D P, Teunter R H. Condition-based maintenance policies for sys-
tems with multiple dependent components：a review［J］. European Journal of Operational Re-
search, 2017, 261（2）.

［13］Koosha Ranfiee, Qianmei Feng, David W. Coit. Condition-Based Maintenance for Repairable
Deteriorating Systems Subject to a Generalized Mixed Shock Model［J］. IEEE Transactions on
Reliability, 2015, 64（4）：1165-1166.

［14］冯春庭，李敏．航空装备预测与健康管理系统的验证方法概述［J］．测控技术，2017，
36（5）：139-143．

［15］Hess A, Fila L. The joint strike fighter（JSF）PHM Concept：Potential impact on aging
aircraft problems［C］// Aerospace Conference Proceedings. IEEE, 2003（6）：3021-3026.

［16］GC Tiao, GEP Box. Modeling Multiple Time Series with Applications. Journal of the American
Statistical Association. 1981, 76（376）：802-816.

［17］LU K S, Saeks R. Failure prediction for an on-line maintenance system in a passion shock en-
vironment. IEEE Transactions on Systems［C］. Man and Cyemetics, 1979, 9（6）：356-
362.

［18］ Robert M, Ed B, Mike D. Predicting faults with real-time diagnosis. Proceedinigs of the 30th Conference on Decision and Control ［C］, 1991 (1)：2598-2603.

［19］ M. Marseguerra, S. Minoggio, A. Rossi. Neural Network Prediction and Fault Diagnosis Applied to Stationary and Nonstationary ARMA Modeled Time Series ［J］. Progress in Nuclear Energy, 1992：25-36.

［20］ Wong K C P, Ryan H M, Tindle J. Power system fault prediction using artificial neural networks ［C］// Neural Networks, 1996. IEEE International Conference on. IEEE, 1996 (2)：1361-1366.

［21］ Bunks C, Dan M, Al-Ani T, Condition-based maintenance of machines using hidden Markov models ［J］. Mechanical Systems and Signal Processing, 2000, 14 (4)：597-612.

［22］ Davison C R, Birk A M. Development of Fault Diagnosis and Failure Prediction Techniques for Small Gas Turbine Engines ［C］// ASME Turbo Expo 2001：Power for Land, Sea, and Air. 2001：V001T04A007-V001T04A007.

［23］ Kim H E, Tan A C C, Mathew J, et al. Bearing fault prognosis based on health state probability estimation ［J］. Expert Systems with Applications, 2012, 39 (5)：5200-5213.

［24］ Huang Y, Bai H, Feng J, et al. Research on Method of Electronic Equipment Fault Prediction ［J］. 2013, 20：1080-1085.

［25］ Shin J H, Lee Y S, Kim J O. Fault prediction of wind turbine by using the SVM method ［C］// International Conference on Information Science, Electronics and Electrical Engineering, 2014：1923-1926.

［26］ Zhang B, Yin X, Wang Z, et al. A BRB Based Fault Prediction Method of Complex Electrome-chanical Systems ［J］. Mathematical Problems in Engineering, 2015, 2015 (1)：1-8.

［27］ Parkin P. Method of fault prediction for electrical distribution systems and monitored loads：, US9459304 ［P］. 2016.

［28］ Prosvirin A, Islam M M M, Kim C, et al. Fault Prediction of Rolling Element Bearings Using One Class Least Squares SVM ［C］// The Engineering and Arts Society in Korea, 2017.

［29］ 孙强, 岳继光. 基于不确定性的故障预测方法综述 ［J］. 控制与决策, 2014, 29 (5)：769-778.

［30］ 程惠涛, 黄文虎, 姜兴渭, 等. 基于神经网络模型的故障预报技术研究 ［J］. 哈尔滨工业大学学报, 2001, 33 (2)：163-164.

［31］ 秦俊奇, 曹立军, 王兴贵, 等. 基于动态模糊综合评判的故障预测方法 ［J］. 计算机工程, 2005, 31 (12)：172-174.

［32］ 李永明, 祝言菊, 李旭, 等. 电磁兼容的人工神经网络预测技术分析 ［J］. Journal of Chong qing University, 2008, 31 (11)：1313-1316.

［33］ 雷达. 计及硬件损伤的航空发动机拆发预测方法及其应用研究 ［D］. 哈尔滨：哈尔滨工业大学, 2009.

［34］ 张华, 曾杰. 基于支持向量机的风速预测模型研究 ［J］. 太阳能学报 (Acta Energiae Solaris Sinica), 2010, 31 (7)：928-932.

［35］ 赵洪山, 胡庆春, 李志为. 基于统计过程控制的风机齿轮箱故障预测 ［J］. 电力系统保

护与控制，2012，40（13）：67-73.

[36] 王小乐，玄兆燕. 基于神经网络的旋转机械运行状态预测 [J]. Journal of Hebei United University（Natural Science Edition），2013，35（1）：26-30.

[37] 张朝龙，何怡刚，邓芳明，等. 一种基于 QPSO-RVM 的模拟电路故障预测方法 [J]. 仪器仪表学报，2014，35（8）：1751-1757.

[38] 田沿平，叶晓慧，尹明. 基于状态维修的电子设备故障预测技术研究 [J]. 计算机测量与控制，2015，23（5）：1485-1488.

[39] 郭卫霞，李红平. 在 VTS 中利用回归分析方法预测研究 [J]. 舰船科学，2016，38（4A）：1-3.

[40] 郭宇，杨育. 基于灰色粗糙集与 BP 神经网络的设备故障预测 [J]. 计算机应用研究，2017，34（9）：2642-2645.

[41] 杨宇，朱正祥，程军圣. 基于 FA-ASTFA 和最小凸包的齿轮裂纹故障预测模型 [J]. 机械传动，2018，42（1）：78-82，97.

[42] 江超，唐志国，李荟卿，等. 电机控制器 IGBT 用风冷散热器设计 [J]. 汽车工程学报，2015，5（3）：179-186.

[43] 丁杰，张平. 电机控制器用 IGBT 风冷散热器的热仿真与实验 [J]. 电源学报，2015，13（2）：38-44.

[44] 李昂，王硕. IGBT 水冷式散热器. CN102802384A [P]. 2012.

[45] 于颉. 直接液冷式 IGBT 模组于电动公车之散热效能研究 [J]. 交通大学机械工程系所学位论文，2015.

[46] Snyder G J, Soto M, Alley R, et al. Hot spot cooling using embedded thermoelectric coolers [J]. Annual IEEE Semiconductor Thermal Measurement & Management Symposium, 2006：135-143.

[47] Koester D, Venkatasubramanian R, Conner B, et al. Embedded thermoelectric coolers for semiconductor hot spot cooling [C]//Thermal and Thermomechanical Phenomena in Electronics Systems, 2006. ITHERM '06. The Tenth Intersociety Conference on. IEEE, 2006：491-496.

[48] Peng W, Bao B C. Mini-Contact Enhanced Thermoelectric Coolers for On-Chip Hot Spot Cooling [J]. Heat Transfer Engineering, 2009, 30（9）：736-743.

[49] Wang P, Mccluskey P, Bar-Cohen A. Hybrid Solid- and Liquid-Cooling Solution for Isothermalization of Insulated Gate Bipolar Transistor Power Electronic Devices [J]. IEEE Transactions on Components Packaging & Manufacturing Technology, 2013, 3（4）：601-611.

[50] 陈修强. IGBT 用热管散热器之实验研究与数值分析 [D]. 南昌：南昌大学，2011.

[51] 刘文广，韩荣刚，张朋. 一种使用热管的压接式 IGBT 封装结构. CN204118057U [P]. 2015.

[52] 王春雷. 平面型双面散热 IGBT 模块的设计与开发 [D]. 北京：中国科学院大学，2015.

[53] 郭永生，王志坚. 大功率器件 IGBT 散热分析 [J]. 山西电子技术，2010（3）：16-18.

[54] 王雄，马伯乐，陈明翔，等. 轨道车辆大功率 IGBT 散热器的热设计与试验研究 [J]. 机车电传动，2012（4）：71-73.

[55] 曾鹏，言艳毛，杨洪波，等. 电机控制器 IGBT 散热器的分析与改进 [J]. 客车技术与研

究，2016，38（5）：48-51.

[56] 孙祖勇，杨飞，孙远，等 . 风电变流器 IGBT 散热性能研究 [J]. 电力电子技术，2015，49（1）：47-49.

[57] 罗冰洋，黄丽婷，莫易敏，等 . 大功率 IGBT 散热器水冷热阻计算 [J]. 现代电子技术，2013，36（2）：165-167.

[58] Gillot C, Schaeffer C, Massit C, et al. Double-sided cooling for high power IGBT modules using flip chip technology [J]. IEEE Transactions on Components & Packaging Technologies, 2001, 24（4）：698-704.

[59] Howes J C, Levett D B, Wilson S T, et al. Cooling of an IGBT Drive System with Vaporizable Dielectric Fluid（VDF）[C]// Semiconductor Thermal Measurement and Management Symposium, 2008. Semi-Therm 2008. Twenty-Fourth IEEE. IEEE, 2008：9-15.

[60] Meysenc L, Saludjian L, Bricard A, et al. A high heat flux IGBT micro exchanger setup [J]. IEEE Transactions on Components Packaging & Manufacturing Technology Part A, 1997, 20（3）：334-341.

[61] Shepard M E. High performance liquid cooled heatsink for IGBT modules：US, US8897010 [P], 2014.

[62] Saums D L. Applications of vaporizable dielectric fluid cooling for IGBT power semiconductors [C]// Semiconductor Thermal Measurement and Management Symposium. IEEE, 2011：253-264.

[63] Sui Y, Teo C J, Lee P S, et al. Fluid flow and heat transfer in wavy microchannels [J]. International Journal of Heat & Mass Transfer, 2010, 53（13）：2760-2772.

[64] 于华龙，鲁挺，姬世奇，等 . 高压 IGBT 串联均压控制电路阈值电压设计方法 [J]. 中国电机工程学报，2016，36（5）：1357-1365.

[65] Liu Jun, Zhang Peng, Liu Xianzheng, et al. Package design of high power IGBT module for electri cvehicle [J]. Applied Mechanics & Materials, 2014, 568/570：1227-1231.

[66] Wang Yangang, JONES S, DAI A, et al. Reliability enhancement by integrated liquid cooling in power IGBT modules for hybrid and electric vehicles [J]. Microelectronics Reliability, 2014, 54（9/10）：1911-1915.

[67] Ji Bing, Song Xueguan, Sciberras E, et al. Multi-objective design of IGBT power modules considering power cycling and thermal cycling [J]. IEEE Transactions on Power Electronics, 2014, 30（5）：2493-2504.

[68] San-Sebastian J, Rujas A, Mir L, et al. Performance improvements using silicon carbide hybrid IGBT modules in traction application [C]// International Conference on Electrical Systems for Aircraft, Railway, Ship Propulsion and Road Vehicles & International Transportation Electrification Conference. Toulouse, France：IEEE, 2017：1-6.

[69] 忻力，荣智林，窦泽春，等 . IGBT 在轨道交通牵引应用中的可靠性研究 [J]. 机车电传动，2015（5）：1-5.

[70] 孔梅娟，李志刚，李雄，等 . IGBT 功率模块状态监测技术研究现状 [J]. 半导体技术，2017（2）：145-152.

［71］ 王瑞萱，吴会利．温度对 IGBT 器件功耗的影响研究［J］．微处理机，2017，38（5）：
20-22.

［72］ 何逸涛．高压高性能 LIGBT 器件新结构研究［D］．成都：电子科技大学，2017.

［73］ Franc Mihalic，Karel Jezernik，Klaus Krischan，et al. IGBT SPICE model［J］．IEEE Trans.
on Industrial Electronics，1995，42（1）：98-103.

［74］ Caiafa A，Wang X，Hudgins J L，et al. Cryogenic study and modeling of IGBTs［C］// Power
Electronics Specialist Conference，2003. Pesc '03. 2003 IEEE. IEEE Xplore，2003（4）：
1897-1903.

［75］ Donald A. Neamen. Semiconductor Physics and Devices Basic Principles［M］．北京：电子工
业出版社，2006.

［76］ Betty Lise Anderson，Richard L. Anderson. 半导体器件基础［M］．邓林，田立林，任敏译.
北京：清华大学出版社，2008.

［77］ Franc Mihalic，Karel Jezernik，Klaus Krischan，et al. IGBT SPICE model［J］．IEEE Trans.
on Industrial Electronics，1995，42（1）：98-103.

［78］ Morozumi A，Yamada K，Miyasaka T，et al. Reliability of power cycling for IGBT power semi-
conductor modules［J］．IEEE Transactions on Industry Applications，2003，39（3）：665-
671.

［79］ Bie X，Qin F，An T，et al. Numerical simulation of the wire bonding reliability of IGBT module
under power cycling［C］// International Conference on Electronic Packaging Technology.
IEEE，2017：1396-1401.

［80］ 陈民铀，高兵，杨帆，等．基于电-热-机械应力多物理场的 IGBT 焊料层健康状态研究
［J］．电工技术学报，2015，30（20）：252-260.

［81］ 鲁光祝，向大为．IGBT 功率模块状态监测技术综述［J］．电力电子，2011，9（2）：5-
10.

［82］ 徐玲，周洋，张泽峰，等．IGBT 模块焊料层空洞对模块温度影响的研究［J］．中国电子
科学研究院学报，2014，9（2）：125-129.

［83］ 鲁光祝．IBGT 功率模块寿命预测技术研究［D］．重庆：重庆大学，2012.

［84］ D. Xiang，L. Ran，P. Tavner，et al. Monitoring solder fatigue in a power module using the rise
of case-above-ambient temperature rise［J］．IEEE Transactions on Industry Applications，
2011，47（6）：2578-2591.

［85］ B. Farokhzad. Method for early failure recognition in power semiconductor modules［P］．US Pa-
tent 6，145，107，to Siemens，2000.

［86］ D. W. Brown，M. Abbas，A. Ginart. Turn-off time as an early indicator of insulated gate bipolar
transistor latch-up［J］．IEEE Transactions on Power Electronics，2012，27（2）：1734-
1752.

［87］ 周雒维，吴军科，杜雄，等．功率变流器的可靠性研究现状及展望［J］．电源学报，
2013，1：1-15.

［88］ Y. Xiong，X. Cheng，Z. Shen，et al. Prognostic and warning system for power-electronic
modules in electric，hybrid electric，and fuel-cell vehicles［J］．IEEE Transactions on

Industrial Electronics, 2008, 55 (6): 2268-2276.

[89] 袁熙, 李舜酩. 疲劳寿命预测方法的研究现状与发展 [J]. 航空制造技术, 2005 (12): 80-84.

[90] 荣振环. 芜湖长江大桥主桥长期实时监控疲劳损伤及寿命评估系统研究 [D]. 北京: 铁道科学研究院, 2005.

[91] H. Lu, C. Bailey, C. Yin. Design for reliability of modern power electronics modules [J]. Microelectronics Reliability, 2009 (49): 1250-1255.

[92] 范平平. 典型电子封装结构的热动力学分析与寿命预测 [D]. 南京: 南京航空航天大学, 2010.

[93] Ciappa M. Selected failure mechanisms of modern power modules [J]. Microelectronics Reliability, 2002, 42 (4): 653-667.

[94] Senturk O S, Munk-Nielsen S, Teodorescu R, et al. Electro-thermal modeling for junction temperature cycling-based lifetime prediction of a press-pack IGBT 3L-NPC-VSC applied to large wind turbines [C]// Energy Conversion Congress and Exposition. IEEE, 2011: 568-575.

[95] Testa A, De Caro S, Panarello S, et al. Stress analysis and lifetime estimation on power MOS-FETs for automotive ABS systems [C]// Power Electronics Specialists Conference, 2008. Pesc. IEEE, 2008: 1169-1175.

[96] Lu Z, Huang W, Lach J, et al. Interconnect lifetime prediction under dynamic stress for reliability-aware design [C]// Ieee/acm International Conference on Computer Aided Design. IEEE, 2004: 327-334.

[97] Bryant A T, Mawby P A, Palmer P R, et al. Exploration of Power Device Reliability Using Compact Device Models and Fast Electrothermal Simulation [J]. IEEE Transactions on Industry Applications, 2008, 44 (3): 894-903.

[98] Smet V, Forest F, Huselstein J J, et al. Ageing and Failure Modes of IGBT Modules in High-Temperature Power Cycling [J]. IEEE Transactions on Industrial Electronics, 2011, 58 (10): 4931-4941.

[99] M. Musallam, C. M. Johnson, Chunyan Yin, et al. Real-time life consumption power modules prognosis using on-line rainflow algorithm in metro applications Energy Conversion Congress and Exposition (ECCE), 2010 IEEE: 2010, Page (s): 970-977.

[100] M. Musallam, C. M. Johnson, Chunyan Yin, et al. In-service life consumption estimation in power modules [C]. Power Electronics and Motion Control Conference, 2008. EPE-PEMC 2008. 13th Publication Year: 2008: 76-83.

[101] Bayerer Herrmann, Tobias Licht, Thomas, et al. Model for Power Cycling lifetime of IGBT Modules-various factors influencing lifetime [C]. Integrated Power Systems (CIPS), 2008 5th International Conference on, 2008: 1-6.

[102] K. Sasaki, N. Iwasa, T. Kurosu, et al. Thermal and structural simulation techniques for estimating fatigue of an IGBT module [C]. in Proc. of the 20th International Symposium on Power Semiconductor Devices and IC's (ISPSD), Orlando, Florida, USA, May 18-22, 2008.

[103] 姜志忠. 无铅焊点寿命预测及 IMC 对可靠性影响的研究 [D]. 哈尔滨：哈尔滨理工大学, 2007.

[104] I. F. Kovacevic, U. Drofenik, J. W. Kolar. New physical model for lifetime estimation of power modules Power Electronics Conference (IPEC), 2010 international：2106-2114.

[105] 李晓延, 严永长. 电子封装焊点可靠性及寿命预测方法 [J]. 机械强度, 2005, 27 (4)：470-479.

[106] M. Ciappa, F. Carhognani, P. Cow, et al. Lifetime prediction and design of reliability tests for high-power devices in automotive applications [J]. IEEE Transactions on Device and Materials Reliability, 2003, 3 (4)：191-196.

[107] 师义民, 师小琳. 竞争失效产品部分加速寿命试验的统计分析 [J]. 西北工业大学学报. 2017, 35 (1)：109-115.

[108] 许斌. 电子元器件加速寿命试验的挑战与对策 [J]. 微电学, 2013, 43 (1)：148-152.

[109] 张春华, 温熙森, 陈循. 加速寿命试验技术综述 [J]. 兵工学报, 2004, 25 (4)：485-490.

[110] 孔祥夫, 杨家文. 基于对数正态分布的出行时长可靠性计算 [J]. 重庆交通大学学报 (自然科学版), 2017, 36 (3)：84-89.

[111] 刘宾礼, 刘德志, 唐勇, 等. 基于加速寿命试验的 IGBT 模块寿命预测和失效分析[J]. 江苏大学学报 (自然科学版), 2013, 34 (5)：556-563.

[112] 夏云云, 文尚胜, 方方. 基于 Kolmogorov-Smirnov 检验的 LED 可靠性评估 [J]. 光子学报, 2016, 45 (9)：20-25.

[113] Mora-Lopez L, Mora J. An adaptive algorithm for clustering cumulative probability distribution functions using the Kolmogorov – Smirnov two-sample test [J]. Expert Systems with Applications, 2015, 42 (8)：4016-4021.

[114] 侯澍旻, 李友荣, 姬水旺, 等. 基于 KS 检验的智能故障诊断方法研究 [J]. 振动与冲击, 2006, 25 (1)：82-85.

[115] 王细洋, 万在红. 基于 K-S 检验的变载荷齿轮故障诊断 [J]. 中国机械工程, 2009, 20 (9)：1048-1052.

[116] Gong Ming, Ma Xiaosong, Yang Daoguo, et al. Reliability assessment for LED luminaires based on Step-Stress Accelerated Life Test [C]// International Conference on Electronic Packaging Technology and High Density Packaging. U. S. A：IEEE, 2012：1546-1549.

[117] 邬田华. 工程传热学 [M]. 武汉：华中科技大学出版社, 2011：1-5.

[118] 张景松, 杨春敏. 流体力学：流体力学与流体机械 [M]. 北京：中国矿业大学出版社, 2010：146-148.

[119] 张祝新, 于雷, 齐中华. 对工程流体力学中临界雷诺数使用的讨论 [J]. 润滑与密封, 2001 (1)：71.

[120] 朱红钧, 林元华, 谢龙汉. Fluent 12 流体分析及工程仿真 [M]. 北京：清华大学出版社, 2011：6-8.

[121] 王福军. 计算流体动力学分析：CFD 软件原理与应用 [M]. 北京：清华大学出版社, 2004：119-126.

[122] 姚寿广，马哲树，罗林，等．电子电器设备中高效热管散热技术的研究现状及发展[J]．江苏科技大学学报（自然科学版），2003，17（4）：9-12.

[123] 奚正平，汤慧萍，朱纪磊，等．热管及热管用金属多孔材料 [J]．稀有金属材料与工程，2006，35（a2）：418-422.

[124] 陈矛章．风扇/压气机技术发展和对今后工作的建议 [J]．航空动力学报，2002，17（1）：1-15.

[125] 欧阳灿，高学农，尹辉斌，等．高效液冷技术在电子元件热控制中的应用 [J]．电子与封装，2008，8（10）：37-41.

[126] 李志明．热传导及其类比电路 [J]．建筑材料学报，1988（2）：41-52.

[127] 包明冬，马展，崔洪江，等．电力电子器件 IGBT 用水冷板式散热器热力性能的数值模拟 [J]．铁道机车与动车，2012（5）：1-4.

[128] 唐勇．大容量特种高性能电力电子系统中器件模型理论研究 [D]．武汉：海军工程大学，2010.

[129] 单册，冯玉光，奚文骏．PHM 中预测性能评价方法的发展与展望 [J]．计算机测量与控制，2015，23（12）：3909-3912.

[130] Vichare N M, Pecht M G. Prognostics and health management of electronics [J]. IEEE Transactions on Components & Packaging Technologies, 2006, 29（1）：222-229.

[131] Shetty V, Rogers K, Das D, et al. Remaining life assessment of shuttle remote manipulator system end effector electronics unit1 [J]. IEEE, 2002.

[132] Mishra S, Pecht M, Smith T, et al. Remaining life prediction of electronic products using life consumption monitoring approach [J]. Microelectronics Reliability, 2002.

[133] 王伟，杨辉华，刘振丙，等．基于极限学习机的短期电力负荷预测 [J]．计算机仿真，2014，31（4）：137-141.

[134] 韩东，杨震，许葆华．基于数据驱动的故障预测模型框架研究 [J]．计算机工程与设计，2013，34（3）：1054-1058.

[135] 常艳华．基于数据驱动模拟电路故障预测算法实现与软件开发 [D]．成都：电子科技大学，2015.

[136] 曾声奎，Miehael G. Pecht，吴际．故障预测与健康管理（PHM）技术的现状与发展 [J]．航空学报，2006，26（5）：626-632.

[137] 邵新杰，曹立军，田广，等．复杂装备故障预测与健康管理技术 [M]．北京：国防工业出版社，2013：23-45.

[138] Lee Jay, Wu Fangji, Zhao Wenyu, et al. Prognostics and health management design for rotary machinery systems-Reviews, methodology and applications [J]. Mechanical Systems and Signal Processing, 2014, 42：314-334.

[139] 左宪章，康健，李浩，等．故障预测技术综述 [J]．火力与指挥控制，2010，35（1）：1-5.

[140] 孙博，康锐，谢劲松．故障预测与健康管理系统研究和应用现状综述 [J]．系统工程与电子技术，2007，29（10）：1762-1767.

[141] 彭宇，刘大同，彭喜元．故障预测与健康管理技术综述 [J]．电子测量与仪器学报，

2010, 24 (1): 1-9.

[142] 本博, 布鲁姆上海市质量协会. 注册可靠性工程师手册: [M]. 中国标准出版社, 中国质检出版社, 2015.

[143] Blaabjerg F, Ma K, Zhou D. Power electronics and reliability in renewable energy systems [C]// IEEE International Symposium on Industrial Electronics. IEEE, 2012: 19-30.

[144] Baraldi P, Cadini F, Mangili F, et al. Model-based and data-driven prognostics under different available information [J]. Probabilistic Engineering Mechanics, 2013, 32 (4): 66-79.

[145] 韩东, 杨震, 许葆华. 基于数据驱动的故障预测模型框架研究 [J]. 计算机工程与设计, 2013, 34 (3): 1054-1058.

[146] 郭晓龙, 蒋艳, 邱路. 决策树分类模型预测蛋白质相互作用的应用研究 [J]. 生物医学工程学杂志, 2013 (5).

[147] 郭强, 邹广天. 基于决策树分类的可拓建筑策划预测方法 [J]. 智能系统学报, 2017, 12 (1): 117-123.

[148] 林芬芳, 王珂, 杨宁, 等. 互信息理论结合决策树算法的土壤质量预测 [J]. 应用生态学报, 2012, 23 (2): 452-458.

[149] 程华, 李艳梅, 罗谦, 等. 基于 C4.5 决策树方法的到港航班延误预测问题研究 [J]. 系统工程理论与实践, 2014, 34 (s1): 239-247.

[150] 崔珂瑾, 程昌秀, 李晓岚. 基于决策树的耕地转建设用地分析与预测——以北京房山区为例 [J]. 地理与地理信息科学, 2014, 30 (1): 60-64.

[151] 赵有益, 林慧龙, 张定海, 等. 基于灰色-马尔可夫残差预测模型的甘南草地载畜量预测 [J]. 农业工程学报, 2012, 28 (15): 199-204.

[152] 周琪, 叶义成, 吕涛. 系统安全态势的马尔可夫预测模型建立及应用 [J]. 中国安全生产科学技术, 2012, 8 (4): 98-102.

[153] 黄玲, 施菲菲, 谢文博, 等. 网络系统的马尔可夫时滞预测控制 [J]. 电机与控制学报, 2015, 19 (6): 89-94.

[154] 王有元, 周立玮, 梁玄鸿, 等. 基于关联规则分析的电力变压器故障马尔可夫预测模型 [J]. 高电压技术, 2018 (4).

[155] 唐军, 徐艳, 李金龙. 神经网络与马尔可夫组合预测模型在高速公路沥青路面使用性能中的应用 [J]. 公路交通科技 (应用技术版), 2014 (1).

[156] 高梅娟. 双模预测模糊控制在温控系统中的应用 [J]. 控制工程, 2001, 8 (2): 26-28.

[157] 李永新, 陈增强, 孙青林. 基于模糊控制与预测控制切换的翼伞系统航迹跟踪控制[J]. 智能系统学报, 2012, 7 (6): 481-488.

[158] 高延峰, 张华, 肖建华. 移动机器人弯曲角焊缝跟踪预测模糊控制器设计 [J]. 机械工程学报, 2010, 46 (23): 23-29.

[159] 付亮, 李平. 时滞系统的 Elman 网络多步预测模糊控制方法 [J]. 南京航空航天大学学报, 2006, 38 (s1): 66-69.

[160] 王自力, 张文英, 张卫东. 基于神经网络的直流无刷电机预测模糊控制 [J]. 控制工程, 2009 (s1): 97-100.

[161] 吕志来, 张保会. 基于 ANN 和模糊控制相结合的电力负荷短期预测方法 [J]. 电力系统自动化, 1999, 23 (22): 37-39.

[162] 武俊峰, 王世明. 一种基于模糊控制的两步法预测控制方法 [J]. 电机与控制学报, 2010, 14 (7): 75-80.

[163] 于军琪, 吴涛, 黄永宣, 等. 大型游泳池水温的预测模糊控制 [J]. 西安交通大学学报, 2000, 34 (7): 95-98.

[164] 任万杰, 于宏亮, 袁铸钢. 预测-模糊控制在联合粉磨系统中的应用 [J]. 控制工程, 2015 (s1): 126-130.

[165] 何伟铭, 蒋超伟, 宋小奇, 等. 基于灰色预测 模糊控制提高 PZT 的运动精度 [J]. 控制工程, 2015, 22 (6): 1034-1041.

[166] 张华, 曾杰. 基于支持向量机的风速预测模型研究 [J]. 太阳能学报 (Acta Energiae Solaris Sinica), 2010, 31 (7): 928-932.

[167] 赵洪山, 胡庆春, 李志为. 基于统计过程控制的风机齿轮箱故障预测 [J]. 电力系统保护与控制, 2012, 40 (13): 67-73.

[168] Kim H E, Tan A C C, Mathew J, et al. Bearing fault prognosis based on health state probability estimation [J]. Expert Systems with Applications, 2012, 39 (5): 5200-5213.

[169] 邓聚龙. 灰色系统理论教程 [M]. 武汉: 华中理工大学出版社, 1990: 175-176.

[170] 袁保奎, 郭基伟, 唐国庆. 应用灰色理论预测变压器等充油设备内的油中气体浓度[J]. 电力系统及其自动化学报, 2001, 13 (3): 5-7.

[171] 谭成仟, 宋子齐, 吴向红. 储层油气产能的灰色理论预测方法 [J]. 系统工程理论与实践, 2001, 21 (10): 101-106.

[172] 赵振东. 车辆高里程 NVH 性能主观评价的灰色理论预测 [J]. 机械设计, 2015 (6): 43-46.

[173] 张银智, 黄亚平, 甘利灯. 沁水盆地某地区煤层气富集区灰色理论预测方法 [J]. 地球物理学进展, 2014 (2): 879-884.

[174] 曲建军, 高亮, 田新宇, 等. 基于灰色理论的轨道几何状态中长期时变参数预测模型的研究 [J]. 铁道学报, 2010, 32 (2): 55-59.

[175] 高凯烨, 王文彬, 刘祥东. 基于随机滤波模型的老年人剩余寿命预测 [J]. 系统工程理论与实践, 2016, 36 (11): 2924-2932.

[176] 王子赟, 纪志成. 基于滤波极大似然随机梯度的弃风电量预测 [J]. 系统仿真学报, 2017, 29 (3): 589-594.

[177] 李成龙, 钟凡, 马昕, 等. 基于卡尔曼滤波和随机回归森林的实时头部姿态估计 [J]. 计算机辅助设计与图形学学报, 2017, 29 (12): 2309-2316.

[178] 曹中林, 陈浩凡, 何光明, 等. 基于复数域混合 SVD 滤波方法及在随机噪声压制中的应用 [J]. 地球物理学进展, 2017, 32 (6): 2424-2429.

[179] 成雨, 叶东, 孙兆伟. MEMS 陀螺随机误差趋势项的支持向量回归机预测补偿算法[J]. 中国惯性技术学报, 2016, 24 (5): 600-606.

[180] Lu Cao, Xiaoqian Chen. Cubature 预测滤波的随机稳定性分析 [J]. Science China Information Sciences, 2016, 59 (9): 92203.

[181] 郭利进, 井海明, 南亚翔, 等. 基于卡尔曼滤波融合算法的空气质量指数预测 [J]. 环境污染与防治, 2017, 39 (4): 388-391.

[182] 赵玉敏, 李国发, 王伟, 等. 基于数据驱动和反演策略的时空域随机噪声衰减方法 [J]. Applied Geophysics, 2017 (4).

[183] 李枫, 张哲, 苑仁楷, 等. 灰色卡尔曼滤波的主瓣移动干扰抑制方法 [J]. 信号处理, 2017 (12): 1585-1592.

[184] 高向东, 莫玲, 萧振林, 等. 微间隙焊缝磁光成像卡尔曼滤波跟踪算法 [J]. 机械工程学报, 2016, 52 (4): 67-72.

[185] 苏鑫, 裴华健, 吴迎亚, 等. 应用经遗传算法优化的 BP 神经网络预测催化裂化装置焦炭产率 [J]. 化工进展, 2016, 35 (2): 389-396.

[186] 谢晓锋, 李夕兵, 尚雪义, 等. PCA-BP 神经网络模型预测导水裂隙带高度 [J]. 中国安全科学学报, 2017, 27 (3): 100-105.

[187] 刘国光, 武志玮, 刘智勇, 等. 基于小波变换的场道脱空 BP 神经网络预测法研究 [J]. 振动与冲击, 2016, 35 (18): 203-209.

[188] 刘英莉, 尹建成, 姜瑛, 等. BP 神经网络模型预测 ZnCu2Al10 合金的高温变形行为 [J]. 材料科学与工程学报, 2016, 34 (2): 192-198.

[189] 于慧春, 彭盼盼, 殷勇, 等. 电子鼻融合 BP 神经网络预测玉米赤霉烯酮和黄曲霉毒素 B1 含量模型研究 [J]. 中国粮油学报, 2017, 32 (5): 117-121.

[190] 付柯, 谢良才, 闫雨瑗, 等. 改进 BP 神经网络预测 Ni/Al$_2$O$_3$ 催化 CH$_4$-CO$_2$ 重整反应 [J]. 化工进展, 2017, 36 (7): 2393-2399.

[191] 李源彬, 岳文喜. 用 BP 神经网络模型预测 Ni-Al$_2$O$_3$ 复合涂层 Al$_2$O$_3$ 粒子复合量研究 [J]. 人工晶体学报, 2017, 46 (8): 1649-1652.

[192] 陶文华, 袁正波. 焦炭质量的 DE-BP 神经网络预测模型研究 [J]. 系统仿真学报, 2018 (5).

[193] 刘洋, 李鹏南, 陈明, 等. 采用 BP 神经网络预测碳纤维增强树脂基复合材料的钻削力 [J]. 机械科学与技术, 2017, 36 (4): 586-591.

[194] 董越, 高谦. 正交试验协同 BP 神经网络模型预测充填体强度 [J]. 材料导报, 2018, 32 (6): 1032-1036.

[195] 袁圃, 毛剑琳, 向凤红, 等. 改进的基于遗传优化 BP 神经网络的电网故障诊断 [J]. 电力系统及其自动化学报, 2017, 29 (1): 118-122.

[196] 李伟. 基于和声搜索算法优化 BP 神经网络的柴油机故障诊断研究 [D]. 太原: 中北大学, 2017.

[197] 彭新建, 翁小雄. 基于萤火虫算法优化 BP 神经网络的公交行程时间预测 [J]. 广西师范大学学报 (自然科学版), 2017, 35 (1): 28-36.

[198] Wang W, Wang H, Zhao J, et al. Adaptive Firefly Algorithm with a Modified AttractivenessStrategy [M], 2017: 1-5.

[199] Yang X S, He X S. Why the Firefly Algorithm Works? [M]// Nature-Inspired Algorithms and Applied Optimization, 2018: 1-10.

[200] Khan W A, Hamadneh N N, Tilahun S L, et al. A Review and Comparative Study of Firefly

Algorithm and its Modified Versions ［M］// Optimization Algorithms-Methods and Applications，2016：281-313.

［201］付晓明，王福林，尚家杰. 基于多子代遗传算法优化 BP 神经网络 ［J］. 计算机仿真，2016，（3）：258-263.

［202］张立仿，张喜平. 量子遗传算法优化 BP 神经网络的网络流量预测 ［J］. 计算机工程与科学，2016（1）：114-119.

［203］肖俊生，任祎龙，李文涛. 基于粒子群算法优化 BP 神经网络漏钢预报的研究 ［J］. 计算机测量与控制，2015（4）：1302-1304.

［204］王雅，孙耀宁，李瑞国. 基于粒子群算法的 RBF 神经网络齿轮磨损预测 ［J］. 机床与液压，2016（3）：183-187.

［205］侯景伟，孔云峰，孙九林. 蚁群算法在需水预测模型参数优化中的应用 ［J］. 计算机应用，2012（10）：2952-2955，2959.

［206］贺文，齐爽，陈厚合. 蚁群 BP 神经网络的光伏电站辐照强度预测 ［J］. 电力系统及其自动化学报，2016（7）：26-31.

［207］徐星，郭兵兵，王公忠. 人工神经网络在矿井多水源识别中的应用 ［J］. 中国安全生产科学技术，2016，12（1）：181-185.

［208］王小勇，李兵，曾晨，等. 茶叶理条工艺的人工神经网络优化 ［J］. 食品与机械，2016（1）：103-105.

［209］李仲，刘明地，吉守祥. 基于枸杞红外光谱人工神经网络的产地鉴别 ［J］. 光谱学与光谱分析，2016，36（3）：720-723.

［210］胡燕祝，李雷远. 基于多层感知人工神经网络的执行机构末端综合定位 ［J］. 农业工程学报，2016，32（1）：22-29.

［211］刘静，李晓禄，朱崇伟，等. 利用人工神经网络技术预测气田环境下 316L 不锈钢临界点蚀温度 ［J］. 中国腐蚀与防护学报，2016，36（3）：205-211.

［212］毛宜钰，刘建勋，胡蓉，等. 采用 Sigmoid 函数的 Web 服务协同过滤推荐算法 ［J］. 计算机科学与探索，2017，11（2）：314-322.

［213］陈雯雯，刘明，雷建和，等. 基于 Sigmoid 函数的四旋翼无人机轨迹规划算法 ［J］. 控制工程，2016，23（6）：922-927.

［214］杨磊，高昆，吕丽丽，等. 基于 Sigmoid-iCAM 色貌模型的真实影像再现算法 ［J］. 光学技术，2016，42（2）：121-125.

［215］毛宜钰，刘建勋，胡蓉，等. 采用 Sigmoid 函数的 Web 服务协同过滤推荐算法，［J］. 计算机科学与探索，2016.

［216］王鹤淇，王伟国，郭立红，等. 离散萤火虫算法的复杂装备测试点优化选择 ［J］. 光学精密工程，2017，25（5）：1357-1367.

［217］刘杰辉，范冬雨，田润良. 基于 ReLU 激活函数的轧制力神经网络预报模型 ［J］. 锻压技术，2016，41（10）：162-165.

［218］王小川. MATLAB 神经网络 43 个案例分析 ［M］. 北京：北京航空航天大学出版社，2013：1-10.

［219］Tian M C，Bo Y M，Chen Z M，et al. Firefly algorithm intelligence optimized particle filter

［J］. Acta Automatica Sinica, 2016, 42（1）: 89-97.

［220］Upadhyay P, Kar R, Mandal D, et al. A new design method based on firefly algorithm for IIR system identification problem［J］. Journal of King Saud University – Engineering Sciences, 2016, 28（2）: 174-198.

［221］Abdelaziz A Y, Ezzat M, Sweif R, et al. Adaptive Optimal Coordination of Overcurrent Relays Using Firefly Algorithm［C］// International Conference on Electrical, Electronics, Computers, Communication, Mechanical and Computing, 2018.

［222］王改革, 郭立红, 段红, 等. 基于萤火虫算法优化 BP 神经网络的目标威胁估计［J］. 吉林大学学报（工学版）, 2013（4）: 1064-1069.

［223］Wang G G, Guo L, Duan H, et al. A New Improved Firefly Algorithm for Global Numerical Optimization［J］. Journal of Computational & Theoretical Nanoscience, 2014, 11（2）: 477-485.

作 者 简 介

吴华伟，男，1979 年 9 月出生，湖北襄阳人，工学博士，湖北文理学院汽车与交通工程学院副教授。汽车测试技术、汽车可靠性等课程负责人，"机电汽车"湖北省优势特色学科群"新能源汽车动力系统设计与测试技术"方向带头人。致力汽车、航空等交通领域的机电控制系统设计、仿真、优化及故障诊断及健康管理等方面教学科研工作，近年先后主持或参与国家 863 计划项目 2 项，省部级项目 5 项，国防军工项目 4 项；发表学术论文 20 余篇，其中 EI 检索 7 篇，核心期刊 10 余篇；授权发明专利 3 项，计算机著作权 19 项，实用新型专利 15 项；出版学术专著 1 部，教材 1 部。获湖北省第四批"博士服务团"工作先进个人，第六届襄阳市青年科技奖，湖北省科技进步奖 1 项，空军装备理论研究优秀成果奖 1 项，享受襄阳市政府专家津贴。

叶从进，男，1990 年出生，湖北文理学院汽车与交通工程学院实验技术员，从事电机控制器可靠性及健康管理的研究。并先后参与多项新能源汽车电机控制器可靠性等科研工作。发表学术论文 2 篇，申请软件著作权 1 项，授权实用新型专利 1 项，申请发明专利 2 项。

张远进，男，1992 年出生，湖北文理学院汽车与交通工程学院实验技术员，从事电机控制器故障诊断与故障预测的研究，并先后参与多项新能源汽车电机控制器设计与测试等科研工作。发表学术论文 3 篇，申请软件著作权 6 项，授权实用新型专利 5 项，授权发明专利 1 项。